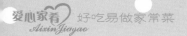

好吃易做的
快手小炒

主编〇张云甫

编写〇工作室 谢宛耘

青岛出版社
QINGDAO PUBLISHING HOUSE

用爱做好菜　用心烹佳肴

不忘初心，继续前行。

将时间拨回到 2002 年，青岛出版社"爱心家肴"品牌悄然面世。

在编辑团队的精心打造下，一套采用铜版纸、四色彩印、内容丰富实用的美食书被推向了市场。宛如一枚石子投入了平静的湖面，从一开始激起层层涟漪，到"蝴蝶效应"般兴起惊天骇浪，青岛出版社在美食出版领域的"江湖地位"迅速确立。随着现象级畅销书《新编家常菜谱》在全国摧枯拉朽般热销，青版图书引领美食出版全面进入彩色印刷时代。

市场的积极反馈让我们备受鼓舞，让我们也更加坚定了贴近读者、做读者最想要的美食图书的信念。为读者奉献兼具实用性、欣赏性的图书，成为我们不懈的追求。

时间来到 2017 年，"爱心家肴"品牌迎来了第十五个年头，"爱心家肴"的内涵和外延也在时光的砥砺中，愈加成熟，愈加壮大。

一方面，"爱心家肴"系列保持着一如既往的高品质；另一方面，在内容、版式上也越来越"接地气"。在内容上，更加注重健康实用；在版式上，努力做到时尚大方；在图片上，要求精益求精；在表述上，更倾向于分步详解、化繁为简，让读者快速上手、步步进阶，缩短您与幸福的距离。

2017 年，凝结着我们更多期盼与梦想的"爱心家肴"新鲜出炉了，希望能给您的生活带来温暖和幸福。

2017 版的"爱心家肴"系列，共 20 个品种，分为"好吃易做家常菜""美味新生活""越吃越有味"三个小单元。按菜式、食材等不同维度进行归类，收录的菜品款款色香味俱全，让人有马上动手试一试的冲动。各种烹饪技法一应俱全，能满足全家人对各种口味的需求。

书中绝大部分菜品都配有 3~12 张步骤图演示，便于您一步一步动手实践。另外，部分菜品配有精致的二维码视频，真正做到好吃不难做。通过这些图文并茂的佳肴，我们想传递一种理念，那就是自己做的美味吃起来更放心，在家里吃到的菜肴让人感觉更温馨。

爱心家肴，用爱做好菜，用心烹佳肴。

由于时间仓促，书中难免存在错讹之处，还请广大读者批评指正。

美食生活工作室

2017 年 12 月于青岛

第三章

吃肉，
真过瘾！

第四章

水产，最美味！

本书经典菜肴的视频二维码

家味地三鲜

（图文见 27 页）

青蒜鸡蛋干

（图文见 43 页）

宫保鸡丁

（图文见 109 页）

豆豉香煎鸡翅

（图文见 113 页）

辣炒蛤蜊

（图文见 143 页）

香辣小龙虾

（图文见 151 页）

滑蛋虾仁

（图文见 154 页）

第一章

快手小炒　幸福上桌

炒，是最家常的一种烹饪方式。

炒菜需要的时间相对较短，

非常适合快节奏的生活。

方便、快捷、好味，

简约却不简单。

1 什么是"炒"

"炒"是中国传统烹调方法，是以油为主要导热体，将小型原料用中旺火在较短时间内加热成熟并调味成菜的一种烹调方法，在家庭厨房中被广泛使用。炒的过程中，将食物拨散，收拢，再拨散，重复不断操作，使食物总处于运动状态。这种烹调法可使炒出的肉汁多、味美，蔬菜脆嫩。炒可分为煸炒、滑炒、干炒、清炒等技法。

小炒的基本技法

➡ 煸炒

旺火速炒，烹制时间要短。煸炒的方法适宜于烹制新鲜的蔬菜和柔嫩的植物类原料。

➡ 滑炒

选用质嫩的动物类原料炒菜时，可使用滑炒。操作时，先用蛋清、淀粉将原料上浆，经过滑油处理后再放配料一同翻炒，勾芡出锅。滑油时要防止原料粘连、脱浆。

滑炒的原料，一般选用去皮、拆骨、剥壳的净料，并切成丝、丁、粒或薄片状，再行滑炒。

➡ 清炒

此法是只有主料没有配料的一种烹炒方法。操作方法与滑炒基本相似。清炒的要领：原料必须新鲜，刀工要整齐。适用于虾仁、肉丝、青菜等菜品的烹制。

➡ 干炒

又称干煸。这种烹调方法是炒干原料水分，使主料干香、酥脆。干炒的要领：主料要切成丝状，并在炒前用调料略腌。干炒所用的锅要在炒菜前先烧热，用油涮一下，再留些底油炒。

另外，常见的技法还有抓炒、软炒等。

抓炒：抓和炒相结合，快速地炒。将主料挂糊和过油炸透、炸焦后，再与芡汁同炒而成。制糊的方法有两种，一种是用鸡蛋液把淀粉调成粥状糊，一种是用清水把淀粉调成粥状糊。

软炒：将生的主料加工成泥或蓉状，用汤或水澥成液状（有的主料本身就是液状），再用适量的热油拌炒，特点是成菜松软，色白似雪。

2 炒菜其实很简单

炒是最家常的一种烹饪方式。制作炒菜需要的时间较短，非常适合快节奏的生活。

炒菜时，所用原料一般改刀成片、丝、丁、条、块状。炒时要用旺火，热锅热油，所用底油多少随料而定。

学会炒菜，就看这几步

◐ 小炒的基本步骤

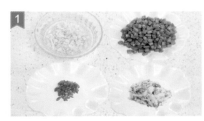

1 食材预处理。通常包括择菜，洗菜，切菜（肉切丝、片或丁）等。

2 准备炒锅和底油。将炒锅置火上，起火烧热，加入适量油。

3 加入爆香作料。锅中油加热后放入葱、姜、蒜、辣椒等爆香。

4 放入食材翻炒。先放入难熟的，再放入易熟的，用炒勺在锅内来回翻炒。

5 适时加入调料。翻炒过程或出锅前根据情况加入盐、酱油、醋及香菜等佐味调料。

6 关火后起锅。待食材翻炒成熟后即可关火，起锅盛入盘中即可。

◐ 炒出好味，抓住关键点

关键1：火候。炒菜时，火候要掌握好，这样能使成菜保持鲜嫩，减少原料中营养素的流失。

关键2：时间。在翻炒时，动作要快，减少菜品在锅中停留的时间。

关键3：调味。根据个人口味加入调味品。需要注意的是，鱼露、蚝油等调味品中本身含有盐分，最后调味加盐时一定要少加。

3 巧手烹炒之食材预处理

- 首先要将所有的食材切细、切薄，大小尽量一致，使之受热均匀，利于同时炒熟。（图1）
- 肉类的切法也有讲究，顺着肉纹平行切称为顺纹切，反之则称逆纹切。
- 鱼、鸡肉质较嫩，煮熟后手稍用力即可撕开，适合顺纹切；猪、牛、羊肉质较粗，需逆纹切，以利于咀嚼。（图2）
- 肉类可以先放入调料腌渍入味，一般来说鸡肉腌10分钟即可，猪肉、牛肉、羊肉等则要腌15分钟左右。
- 鱼片炒制前最好加少许盐抓腌均匀，再加淀粉、蛋清抓腌，可使鱼片更加紧致、鲜嫩。（图3）
- 虾仁先用蛋清抓腌一下，再加入淀粉和盐拌匀，可使虾仁口感更脆嫩。（图4）
- 酱汁要事先调配好，待食材炒熟后马上转大火，倒入酱汁快速炒匀，起锅后即成。

如何选择炒锅?

工欲善其事，必先利其器。要想在厨房中一展身手，选择一口适合自己的炒锅至关重要。有"翻锅"习惯的人，最好选择重量较轻、有单边把手的锅。对提倡健康理念的人来说，不粘锅是不错的选择，因为不粘锅的用油量通常较少。选购不粘锅时，最好选择那些经过权威机构认证的品牌，以确保品质。

新锅使用前需要注意哪些问题?

炒锅种类较多，材质差异较大，因此新锅使用之前应该先仔细阅读产品说明书。通常来说，应先用洗涤剂清洗一下，接着擦干水，然后用其烧开一锅水，周身烫一遍。如果是传统的铁锅，则需要先把空锅放在炉子上，用火将外层的胶烤掉，再在锅面上抹一层食用油。

4 把握火候是关键

火候，似乎代表了菜肴的全部：生与熟、苦与甜、咸与淡、软与硬、老与嫩、脆与韧、黏与爽……炒菜时，掌握好火候就成功了一半。

古往今来话火候

火候就是指"火力"，通常包括旺火、中火、小火，还有人将其分为急火、慢火和微火。但究竟旺火有多旺？微火有多微？只有通过经验来慢慢尝试。

火候可是一门大学问。古往今来，许多名厨大师为我们总结出许多烹饪火候的小窍门。例如熘制菜品时要"急火速成熘"；烹制菜品时要"逢烹必炸"等。可见古往今来，无论在烹饪行业内还是行业外，大家都十分重视烹饪火候。

一般来说，油温能代表一定的火候。例如《中国烹饪百科全书》将油温分为温油、热油、旺油三类。《中国烹饪词典》则将油温分为四类：三四成油温（70~100℃），五六成油温（110~170℃），七八成油温（180~220℃），九十成油温（220℃以上）。

因此，从某种意义上说，我们可以通过判断油温的变化来了解颇有点神秘的火候。

微火

中火

大火

新手如何判断油温

新手做菜，最难掌握的就是油温。如果油温太高，菜就容易煳锅；如果油温太低，又往往炒不出菜的香味。在上面介绍了工具书中对不同温度的油温的定义，但由于在烹制菜肴的过程中，不可能用温度计来测量油温，因此凭经验鉴别油温就显得很重要。那么如何鉴别油温呢？

冷油温：油温一二成热。锅中油面平静，原料下锅时无反应。在二成热时，适于做油酥花生、油酥腰果等菜肴。

低油温：油温三四成热。油面平静，面上有少许泡沫，略有响声，无青烟。四成热时适于干熘，也适于干料涨发，有保鲜嫩、除水分的作用。

中油温：油温五六成热。油面泡沫基本消失，搅动时有响声，有少量的青烟从锅四周向锅中间翻动。六成热时，适合炝锅、爆香调料和炒菜，适于炒、炝、炸等烹制方法。下料后，水分明显蒸发，蛋白质凝固加快。

高油温：油温七八成热，油面平静，搅动时有响声，冒青烟。八成热时，适合油炸或者煎肉类、鱼类，能使其外皮变得酥脆。高油温可炸出脆皮，凝结原料表面，使原料不易碎烂。

冷油温

低油温

中油温

高油温

5 用好你的调料库

炒菜时的调味至关重要。要想做出味道可口的家常菜，一定要清楚自己家的调料库里的调料品种，熟知做什么口味的菜品需要哪些"主打调料"。

不同口味用不同调料

在家里，我们做的炒菜口味主要可分为咸、鲜、酸、甜、香、辣等基本口味，在某些重要的家宴或聚会时又可做出多种复合口味的菜品。

1. 咸。咸味是最家常的口味，所用的调料主要有盐、酱油、蚝油及各种酱料等。

2. 鲜。常见的提鲜调料主要有味精、鸡粉及蚝油等。给大家推荐一款比鸡精还能提鲜的天然调味品——鸡肉松，其制作步骤是将煮好的鸡腿肉拆下，小火焙干后用料理机打碎，晒干后放入玻璃罐里密封保存。做菜时稍微加一些鸡肉松，比鸡精还提鲜。

3. 酸。酸味调料主要有陈醋、白醋、番茄酱等，主要用于烹制水产品如鱼类等，有去除腥味、增香增鲜等作用。

4. 甜。甜味永远是孩子的最爱。所用的调料为多种糖类，在南方菜品中使用较多，在烹制水产品中也较常用，能增加菜品甜度和鲜度。甜味和酸味搭配做出酸甜口味也备受欢迎。

5. 香。人们通常用"吃香的"来表达人们对美好生活的向往，而"香"也成为所有好吃菜品的统称。香味所用的调料主要为香辛料，如大料（八角）、花椒、芝麻等，还包括香油等，均可增进食欲，使菜品具有各种各样的香味。

6. 辣。辣味能刺激食欲，促进人体血液循环，很多嗜辣的人甚至是"无辣不欢"。辣味所用的调料主要有葱、姜、蒜、红干椒、辣椒酱等，能使菜品有独特的香辣味。

掌握要点调出好味道

1. 量要适当。所用的调味品及其用量必须适当，特别是在调制复合味时，要注意到各种味道的主次。

新鲜的鸡、鱼、虾和蔬菜等，因其本身具有特殊的鲜味，调味时便不应过量，以免掩盖了鸡、鱼、虾和蔬菜的天然鲜美滋味。腥膻气味较重的原料，如不太新鲜的鱼、虾、牛、羊肉以及其内脏类，在调味时，应酌量多加一些能去腥、解腻的调味品，如料酒、醋、糖、葱、姜、蒜等，以减轻或去除其恶味、异味，增加其鲜味。本身无特定味道的原料，如海蜇、海参等，除必须加入鲜汤外，还应当按照菜肴的具体要求，施以相应的调味品。

2."对症"调味。每一种菜，都有自己特定的口味，这种口味是通过不同的烹调方法确定的。因此，在投放调味品的种类和数量时，要"对症"调味。特别是对于多种味道的菜肴，必须分清楚味道的主次，才能恰到好处地使用主、辅调料。有的菜肴以酸甜为主，有的以鲜香为主，有的菜肴上口甜、收口咸，有的上口咸、收口甜等。这种一菜数味、变化多端的奥妙，皆在于调味的技巧。

3.保持特色。烹调菜肴时，必须按照菜肴的不同味型要求进行调味，做到炒什么菜像什么菜，防止随心所欲地进行调味，把菜肴的口味混杂。

烹调菜肴时，在保持地方菜肴风味特色的前提下，还要注意就餐者的不同口味，做到因人制菜。所谓的"食无定味，适口者珍"，就是因人制菜的恰当概括。调料不佳或调料投放不当，都将影响菜肴的风味。

4.适时变化。人们的口味随着季节的变化会有不同，如在春季，人们喜欢多食新鲜的蔬菜；天气炎热的夏季，人们喜欢口味比较清淡的菜肴；在寒冷的冬季里，又喜欢浓厚肥美的菜肴。调味时，可在保持风味特色的前提下，根据季节变化，适当灵活掌握。

把握时机调出好味道

1.放盐先后有讲究。用豆油、菜籽油做菜，为减少蔬菜中维生素的损失，一般应炒过菜后再放盐；用花生油做菜，由于花生油极易被黄曲霉菌污染，故应先放盐炝锅，这样可以大大减少黄曲霉菌毒素；用荤油做菜，可先放一半盐，以去除荤油中有机氯农药的残留量，而后加入另一半盐；在做肉类菜肴时，为使肉类炒得嫩，在炒至八成熟时放盐最好。

2.出锅之前再放酱油。酱油在锅里高温久煮会破坏其营养成分并失去鲜味，因此应在即将出锅之前放酱油。

3.炒蔬菜要先加醋。炒蔬菜时，在蔬菜下锅后就加一点醋，能减少蔬菜中维生素C的损失，促进钙、磷、铁等矿物成分的溶解，提高菜肴营养价值和人体的吸收利用率。

4.放盐之前加入糖。在制作糖醋鲤鱼等菜肴时，应先放糖后加盐，否则食盐的"脱水"作用会促进蛋白质凝固而难于将糖味吃透，从而造成外甜里淡，影响口味。

5.锅中温度高时加料酒。烧制鱼、羊等荤菜时，放一些料酒可以借料酒的蒸发除去腥气。因此，加料酒的最佳时间应当是烹调过程中锅内温度最高的时候。此外，炒肉丝要在肉丝煸炒后加料酒；烧鱼应在煎好后加料酒；炒虾仁最好在炒熟后加料酒。

调味是烹制菜肴的技术关键之一。只有不断地操练和摸索，才能慢慢地掌握其规律与方法，再与火候巧妙地结合，就能烹制出色、香、味、形俱佳的菜品来。

6 不同食材的汆烫和过油技巧

在原料的处理过程中，掌握一些小窍门或小技巧往往能起到事半功倍的效果，使烹制出来的菜品更加安全、美味。

➡汆烫

⊙ 一般汆烫的方法：锅入大量水（至少要没过食材），大火烧开，将食材入锅，在短时间内使之达到一定的成熟度，锁住颜色和美味。（图1）

○ 纤维较粗的蔬菜，如西蓝花等，应先汆一下，再快速翻炒，这样处理后，炒出的菜不仅菜色翠绿，也更容易炒透。

⊙ 汆烫蔬菜类的食材时，水中可加少许油、盐，这样既可以提前入味，又可保留其翠绿的颜色。（图2）

○ 瘦肉最好裹匀水淀粉后再汆烫，这样口感更鲜嫩。若肉上带有肥肉，则可省去这一步。

⊙ 本身有腥味的食材，最好用加有葱、姜、酒的开水汆烫，捞起沥干水后再用于烹调。（图3）

○ 本身有苦涩味的食材，如苦瓜、青木瓜等，也可以先放入开水中汆烫以去除涩味，捞起沥干水后再用于烹调。

➡过油

⊙ 过油可在极短的时间内使食材表面迅速变熟，最大程度避免食材内部的水分流失，同时也保留了食物的原味，使其表面吸附料汁的能力更佳。（图4）

⊙ 茄子、青椒等色泽鲜亮的蔬菜也常利用过油的方法锁色。不过需油量较大，一般要完全没过食材。（图5）

⊙ 牛肉片、鸡肉丁、猪肉丝下锅前可加入少许油搅拌，以避免食材下锅后相互粘连。（图6）

○ 炒菜时多加一些油，待放入肉炒至八分熟后，将油倒出，再炒其他配料。同时可起到过油的效果。倒出的油也可用来炒其他菜。

7 小窍门大作用

掌握一些小窍门，可使下厨更轻松。

选铁锅小窍门

市场上炒锅的种类繁多，笔者也曾反复尝试过一些新产品和进口高档不锈钢中式炒锅，但最终还是回到起点，选择了一款中式小铁锅。小铁锅化学性质稳定，不易发生化学反应。

用铁锅炒菜时应急火快炒，以减少食材维生素的损失。炒菜时溶解出来的少量铁元素，可被人体吸收利用，对健康有益。但是铁锅易生锈，不宜盛放食物过夜，用铁锅盛油也容易氧化变质。

选择顺手的铁锅应注意以下几点：

1.锅面尽量平滑。由于铸造工艺所致，铁锅表面有不规则的浅纹，这不是瑕疵。

2.检查有无疵点。疵点主要有小凸起，凸起的部分对锅的影响不大，可用砂轮磨去，以免影响铲锅。如果是小凹坑就比较复杂了，主要有三种情况，即砂眼、气眼、缩眼，购买时一定要注意。

3.锅底部位不宜太大。因其传火慢，费火又费时。

4.锅壁不宜太厚。锅有薄厚之分，锅壁以薄为好。购买时，可将锅底朝天，用手顶住锅的凹面中心，用硬物轻轻敲击，锅声越响且手感振动越大的越好。

炒菜少油烟小窍门

因为无法忍受油烟，所以很多人选择远离厨房。其实，我们可以找一些能有效去除油烟的方法，这样就能保证我们的健康了。下面给大家说说如何在炒菜时减少油烟：

第一，选对油。可以使用花生油、豆油和菜籽油等比较适宜炒菜的一级油。因为炒菜时温度会骤然升高，如果用精炼程度低的油炒菜，会在短时间内产生大量油烟。一级油经过几度压榨，不容易出油烟。

第二，看油温。炒菜时油温不要过高，不要等到食用油开始冒烟后才开始炒菜。

第三，洗净锅。要及时清理锅里锅外的油垢，油烟有一部分是油脂过热产生的，另一部分则是这些油垢、锅垢高温加热后产生的。因此，炒锅要及时、彻底地清洗。

第四，通风畅。不要为了节省而不安装抽油烟机。要定期对抽油烟机进行清洗维护，保证抽油烟设施的工作效率。

炒菜盖锅小窍门

很多初学炒菜的人可能会有这样的疑问，为什么用同样的作料、同样的工具，炒出来的味道却不一样呢？这可能与能否正确盖锅盖有关。

炒菜时盖锅盖，不仅能防止油滴溅出，还能捂住热气让食物熟得更快。可什么时候加盖，什么时候开盖却有讲究。

1.爆炒蔬菜不用盖锅。蔬菜最好采用爆炒的形式，因为爆炒的烹调时间短，更容易保住维生素。蔬菜中大多含有有机酸，如草酸、乙酸、氨基酸等。有些有机酸对人体无益，烹调时必须去除。用什么方法呢？其中之一就是在烹制蔬菜的时候打开锅盖，适当进行翻炒，这样有机酸便会随之挥发出去。

2.不容易烂的菜要盖锅盖。如菜花、豆角、土豆、胡萝卜等，宜采用焖的方式。盖上锅盖后，锅内温度更高，炒菜时间能大大缩短。有人做过一个试验，炒酸辣土豆丝时，开盖炒会比焖炒足足多用时1分半钟。

3.炒肉、炒鸡蛋时不宜盖锅盖。爆炒羊肉、牛肉和炒鸡蛋时，由于时间较短，还需要反复翻炒，因此不需要盖锅盖。如果盖了，可能因为锅内蒸汽多而影响肉和鸡蛋的口感。试验证实，爆炒牛肉时焖锅20秒钟，较之开盖爆炒，肉的口感就没那么鲜嫩了。

炒菜防粘锅小窍门

1.土豆、藕片先用水泡。土豆、藕片容易粘锅，主要和其含大量的淀粉有关。因此，若想让淀粉类食材不粘锅，最好的方法是翻炒前用清水泡，去除食材表面的淀粉，捞出沥干水分后再炒。此外，热锅快炒也能降低粘锅的概率。

2.煎鱼先抹点油。鱼肉细嫩，纤维组织不紧密，煎鱼时鱼皮容易粘锅。最好的办法是给鱼身抹少量油，下热油锅后改小火，这样煎出来的鱼完整、不粘锅。其原理是把鱼皮和热锅隔离。此外，煎炸前，把鱼用盐、料酒腌一下，使鱼皮和鱼身更紧密，也可使鱼皮不粘锅。

3.炒肉要热锅凉油。为使肉丝、肉片嫩滑，炒肉前需用淀粉和蛋清挂浆，此时常会出现炒肉粘锅的现象，这主要和锅内温度和油温有关。最好的解决办法是热锅凉油，先用中火将锅烧热，放油烧热后下肉煸炒，这样肉表面的蛋白质和淀粉浆逐渐受热舒展，炒肉就不会粘锅了。有时，不加淀粉的肉也会粘锅，此时可把油锅晃一下，让锅周围都沾上油再炒。

4.锅底涂一层姜汁。烹炒前，先将锅洗净、擦干、烧热，再用鲜生姜在锅底抹上一层姜汁，能在锅面形成一层保护膜，从而避免食材粘锅。

第二章

果蔬，好清爽！

果蔬食材，
同样可以花样繁多、有滋有味。
凉菜、热菜、汤煲，
从中寻找到令人怦然心动、回味无穷的好滋味！

糖醋辣白菜

制作时间
40分钟

难易度
★★

主料

大白菜	半棵（约500克）

调料

盐	2茶匙
香油、色拉油	各1/2大匙
白糖、醋	各3大匙
花椒粒	7克
红辣椒	1个
嫩姜	1小块

做法

① 白菜洗净，取菜帮切细丝，菜叶切宽条。

② 菜帮、菜叶同放大盆中，撒上盐拌匀，腌30分钟。

③ 红辣椒去籽，切丝。嫩姜切细丝。

④ 白菜腌至变软时取出，用流水冲一下，挤干水。

⑤ 锅中放入香油和色拉油烧热，放入花椒粒小火爆香，捞出花椒粒。

⑥ 锅中加入白菜，大火炒至白菜熟透，加入白糖和醋，翻炒均匀后立即关火。

⑦ 盛出白菜，撒入姜丝和红辣椒丝拌匀，放凉后即可食用。

糖醋白菜

制作时间 15分钟　难易度 ★

主料

白菜	1棵
黑木耳	10克

调料

醋	1/2大匙
盐	3/5小匙
白糖	2小匙
水淀粉	8克
香油	1/2小匙
植物油	20克

做法

① 白菜取菜帮，洗净，控干水，切成粗丝，加盐略腌一会儿。

② 黑木耳用冷水浸泡至涨发，洗去泥沙，捞出沥水，待用。

③ 取干净炒锅，置旺火上烧热，倒入植物油，待油温升至八九成热时下白菜丝爆炒。

④ 锅中加盐、白糖、醋，待炒至白菜半熟时放入黑木耳，翻炒至均匀入味。

⑤ 用水淀粉勾芡，淋上香油，装盘即可。

醋熘海米白菜

主料

嫩白菜	400克
海米	50克

调料

香菜段	25克

料酒、醋、酱油、盐、味精、花椒、香油、花生油各适量

制作时间
8分钟

难易度
★

做法

① 白菜洗净，沥干水，片成抹刀片。

② 海米用温开水泡软，洗净，控干。

③ 炒锅放油烧热，下花椒炒香，捞出花椒弃去。

④ 锅中放入海米炒出香味。

⑤ 锅中放入白菜片，烹入料酒、醋，煸炒至断生。

⑥ 锅中加入盐、酱油、味精炒匀，淋上香油，撒上香菜段，装盘即成。

黑椒薯角西蓝花

主料

西蓝花	1个
土豆	1个
黑胡椒碎	5克

调料

蒜子	5个
橄榄油	50克
盐	适量

制作时间 10分钟

难易度 ★

做法

① 西蓝花掰成小朵，土豆切成圆角条。沸水锅中加入少许盐，放入西蓝花焯水，迅速捞出，放入冷水中过凉。

② 平底锅烧热，倒入少许橄榄油，下蒜子煸香，放入西蓝花煸炒。

③ 平底炒锅内放入橄榄油，加入薯角煎至金黄色。

④ 炒匀后加入盐、黑胡椒碎调味即可。

蚝油生菜

制作时间
8分钟

难易度
★

主料

生菜　　　　　　　　350克

调料

蒜末、蚝油、酱油、盐、料酒、味精、胡椒粉、清汤、水淀粉、香油、花生油各适量

做法

① 锅内加入清水，加少许盐、花生油烧开，放入洗净的生菜略烫。

② 捞出生菜，控干水，摆放盘内。

③ 炒锅放油烧热，下蒜末炒香。

④ 锅中加蚝油、酱油、料酒、味精、胡椒粉、清汤烧开，用水淀粉勾芡。

⑤ 锅中淋香油，将汤汁浇在生菜上即可。

手撕包菜

主料

圆白菜	400克
干红辣椒	10克
大蒜	5克
葱	10克

调料

花椒、盐、生抽、醋、鸡精、花生油各适量

制作时间 10分钟　　难易度 ★

做法

① 将圆白菜洗净，用手撕成小块。

② 将葱、蒜分别切成片，干红辣椒剪成小段。

③ 锅入油烧热，下入花椒炸出香味。

④ 加入干红辣椒及葱蒜片，炒出香味。

⑤ 放入撕碎的圆白菜，快速翻炒。

⑥ 炒至叶片半透明的时候，加入少许生抽、醋及盐，点入少许鸡精，快速翻炒均匀即可出锅。

清炒芦笋

主料

芦笋	300克

调料

葱丝	10克
姜丝	10克
盐、鸡精、花生油	各适量

制作时间
10分钟

难易度
★

做法

① 芦笋洗净，削去老皮。

② 芦笋放案板上，切成段。

③ 锅中加水烧开，放入芦笋段烫一下，捞出冲凉，备用。

④ 锅中加花生油烧热，放入葱丝、姜丝爆香。

⑤ 放入芦笋段，煸炒1分钟。

⑥ 加盐、鸡精调味，炒匀出锅即可装盘。

酱爆青椒

制作时间
12 分钟

难易度
★★

主料

青椒	400克

调料

葱末、蒜末、姜末	共12克
鸡汤	120克
酱油	1/2大匙
郫县豆瓣	15克
香油	1/2小匙
白糖	1小匙
水淀粉	10克
植物油	25克

做法

① 青椒去蒂、籽，洗净，切成块状。

② 炒锅置旺火上烧热，倒入植物油烧至七八成热，放入葱末、蒜末、姜末爆香，倒入青椒块。

③ 加入鸡汤、酱油、白糖、郫县豆瓣拌匀，用水淀粉勾薄芡，淋入香油，出锅装盘即成。

贴心提示

· 郫县豆瓣下锅后要炒出香味才可出锅。

大盆菜花

制作时间 15分钟

难易度 ★★

主料

菜花	400克
猪五花肉	50克
蒜	5克
青蒜、泰椒	各少许

调料

味精	3克
鸡粉	4克
蒸鱼豉油	10克
色拉油	500克

贴心提示

· 菜花过油时注意油温。油温不宜太高，以防菜花被炸焦、炸煳。

做法

① 将菜花洗净，沥干水，改刀切成3厘米大小的块。

② 将猪五花肉洗净，切薄片。泰椒洗净，切小段。蒜切片，青蒜切段，备用。

③ 锅入适量油，烧至七成热，放入菜花炸至八成熟。

④ 将菜花捞出控油。

⑤ 将猪五花肉放入锅内炒香。

⑥ 放入蒜片和泰椒炒香。

⑦ 加入菜花翻炒，放入味精、鸡粉调味。

⑧ 加入蒸鱼豉油继续翻炒。

⑨ 放入青蒜段，翻炒1分钟即可出锅。

家味地三鲜

制作时间 20分钟
难易度 ★★

主料

圆茄子	1个
四季豆	150克
土豆	1个

调料

冰糖	10粒
大料	1颗
蒜末	适量
蚝油	2茶匙
色拉油	25克

做法

① 四季豆掰成寸段。土豆切成与四季豆同宽的长条。圆茄子去皮，切成厚片，放入加了色拉油的炒锅内煎制。

② 茄子煎至软烂，铲出控油。

③ 土豆条及四季豆一起放入锅中煸炒至成熟，铲出。

④ 炒锅内加入少量色拉油、冰糖及大料。

⑤ 冰糖化开时放入煎好的茄子，炒匀糖色，加入蚝油。

⑥ 四季豆与土豆同时加入锅中，与茄子一起翻炒，收匀汤汁，撒上蒜末即可出锅。

贴心提示

· 要等茄子、芸豆、土豆晾至变凉之后再淋蒜泥，并且要现淋、现拌、现食。

· 烹调茄子时加几滴柠檬汁，肉质可变白；炒茄子时加少许醋，可使炒出来的茄子不黑。

三丁茄子

制作时间
15分钟

难易度
★

主料

茄子	300克
青椒、火腿、洋葱	各50克

调料

葱花、姜末、蒜片	共12克
鲜汤	50克
盐	3/5小匙
味精	1/5小匙
水淀粉	10克
植物油	600克（实耗35克）
淀粉	适量

做法

① 将青椒、洋葱分别洗净，切成丁。火腿切丁，备用。

② 茄子切丁，表面裹一层淀粉。

③ 炒锅中加入植物油，烧至五六成热，将茄丁入锅过油炸熟，捞出，备用。

④ 炒锅内加入少许植物油，烧至七八成热时放入葱、姜、蒜爆香，加入茄子、青椒、火腿、洋葱，翻炒均匀。

⑤ 锅中加入鲜汤、盐、味精炒至入味，用水淀粉勾芡，出锅装盘即成。

麻辣茄段

制作时间
15分钟

难易度
★★

主料

细长茄子	2个
猪肉馅	30克

调料

辣豆瓣酱、酱油	各1大匙
料酒、醋	各1/2大匙
盐	1/4茶匙
白糖	1/2茶匙
水淀粉	1茶匙
香油、花椒粉	各1/4茶匙
蒜末	5克
葱花	15克
植物油	适量

做法

① 茄子洗净，连皮切滚刀块。

② 将茄块放入热油锅中炸软，捞出沥干油。

③ 另起炒锅，放入2大匙油烧热，炒香肉馅和蒜末。

④ 加入辣豆瓣酱炒香，再依次加入料酒、酱油、盐、白糖和水。

⑤ 放入茄块轻轻拌炒，烧1分钟至入味，沿锅边淋入醋。

⑥ 用水淀粉略勾薄芡。

⑦ 滴入香油，撒入花椒粉和葱花，略调拌即可装盘。

贴心提示

· 在茄子萼片与果实相连的地方有一圈浅色环带，这条带越
宽、越明显，表明茄子越鲜嫩。

干煸苦瓜

制作时间 10分钟　难易度 ★★

主料

苦瓜	300克
海米	100克
猪肉	50克

调料

蒜瓣、辣椒碎、花椒、盐、味精、红油、花生油、料酒、白糖各适量

做法

① 苦瓜洗净，顺长切两半。

② 苦瓜去瓤，切成4厘米长的条。

③ 猪肉、海米、蒜瓣分别切成末。

④ 苦瓜条下开水锅中焯一下，捞出沥干。

⑤ 放入六成热油中炸一下，捞出。

⑥ 炒锅加油烧热，放入蒜末、花椒、辣椒碎、海米炒香。

⑦ 放入苦瓜，边翻炒边加盐、味精、白糖。

⑧ 淋入红油炒匀，出锅装盘即成。

核桃三鲜

主料

鲜核桃	100克
莴笋	200克
胡萝卜	10克
西芹	200克

调料

盐4克，味精4克，白糖3克，植物油20克

做法

① 西芹去皮，切块；莴笋去皮，切菱形块；胡萝卜刻花。

② 把西芹、莴笋、核桃、胡萝卜分别焯水。

③ 把锅烧热，放入植物油烧热，下入西芹、莴笋、核桃、胡萝卜，大火翻炒。

④ 加入调料调味，翻炒均匀即可。

钵子香菇

主料

香菇	250克
口蘑	150克

调料

蒜5克，泰椒2克，蚝油4克，油500克，味精4克，盐3克，白糖3克，鸡粉3克，生粉少许

做法

① 香菇、口蘑切片，蒜拍碎，泰椒切小粒。

② 把香菇和口蘑过油，然后捞出。

③ 锅内留底油，放入蒜末、泰椒煸香。

④ 下入过好油的香菇、口蘑和水，大火烧开，用生粉勾芡，放入其余调料调味即可。

彩椒炒海鲜菇

制作时间 15 分钟　　难易度 ★★

主料

海鲜菇	300克
青菜椒	50克
红菜椒	50克
黄菜椒	50克

调料

蒜片	10克
葱花	10克
盐、鸡精、花生油	各适量

做法

① 将青菜椒、红菜椒、黄菜椒洗净，去籽，切条。

② 锅中加水烧开，放入青菜椒条、红菜椒条、黄菜椒条焯水，捞出控水。

③ 海鲜菇去杂质，洗净，切段。

④ 锅中加水烧开，放入海鲜菇段焯水，捞出控水。

⑤ 锅中加适量花生烧热，放入葱花和蒜片爆锅。

⑥ 倒入青菜椒条、红菜椒条、黄菜椒条翻炒一会儿。

⑦ 炒至七分熟，放入海鲜菇段翻炒。

⑧ 加入盐、鸡精调味，翻炒至入味成熟，出锅装盘即可。

TIPS：

　　清淡爽口，鲜味十足，这是一道高营养、低脂肪的美容瘦身菜。

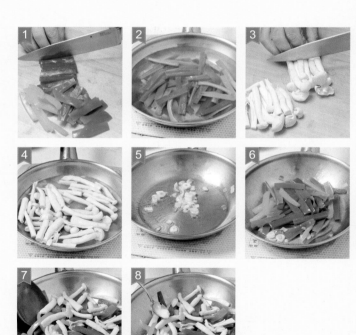

酸菜小笋

制作时间
15 分钟

难易度
★★

主料

小笋	500克
酸菜	20克
红辣椒	10克
肉末	少许

调料

香葱	10克
蒜末	10克
植物油	150克
生抽	10克
盐、味精	各适量

做法

① 小笋洗净，切成1厘米见方的小丁。酸菜洗净，切成末。

② 香葱洗净，切成葱花。

③ 锅内加入水烧开，放入小笋焯水，捞出控干水。

④ 锅内倒入油，烧至七成热，把小笋放入锅内，稍炸后捞出控油。

⑤ 锅留底油，放入肉末炒香。

⑥ 放入酸菜、红辣椒、蒜末炒香。

⑦ 倒入小笋丁，炒至八成熟时加入盐、味精调味。

⑧ 加入生抽。

⑨ 出锅前撒上葱花即可。

贴心提示

· 巧切竹笋：一般竹笋尖部比较嫩，根部比较老，所以切菜时应将老的部分横切成片，嫩的部分顺切成块。这样处理可以保证原料同时制熟、入味。

南乳汁炒藕片

制作时间 15 分钟　难易度 ★

主料

莲藕	1节
腐乳	3块
蒜片	少许
鲜红辣椒	2个
小香葱	2根

调料

香油	2茶匙
色拉油	适量

做法

① 莲藕切片后用清水冲洗。鲜红辣椒切圈。小香葱切段。取玫瑰腐乳，用香油充分搅开。

② 炒锅烧热，加入适量色拉油，下蒜片爆香，加调好的腐乳酱炒匀。

③ 将藕片放入锅中。

④ 藕片与腐乳酱汁翻炒均匀，加入鲜红辣椒及香葱段翻炒，出锅装盘即可。

什锦长山药

制作时间 15分钟 　难易度 ★★

主料

长山药	1根
水发木耳	150克
胡萝卜	半根
白果	1袋

调料

蚝油	1茶匙
白糖	1/2茶匙
盐	少许
葱姜蒜末	少许
香葱	1根
植物油	适量

做法

① 将木耳手撕成小块，用开水焯过。长山药去皮，切成斜刀片，泡入清水中，防止变色。胡萝卜切成斜片。

② 白果放入清水中焯5分钟，捞出备用。

③ 炒锅入油烧热，加入葱姜蒜末爆香，下入白果、木耳翻炒均匀。

④ 加入山药、胡萝卜片迅速翻炒，加蚝油、白糖、盐调味，撒上香葱段即可出锅。

榄菜四季豆

制作时间 15分钟   难易度 ★

主料

四季豆	250克
橄榄菜	25克
猪肉末	适量

调料

蒜末	8克
盐	1/3小匙
味精	1/5小匙
白糖	1小匙
植物油	25克

做法

① 四季豆除去筋，洗净后切片，待用。

② 锅中加入清水烧沸，放入四季豆焯水至断生，捞出沥干水，备用。

③ 炒锅洗净，置火上烧热，倒入植物油烧至六七成热，将猪肉末入锅炒熟。

④ 放入蒜末、四季豆煸炒，加盐、白糖、味精和橄榄菜炒匀，出锅装盘即成。

荷塘素炒

制作时间 10 分钟　难易度 ★★

主料

荷兰豆	150克
莲藕	150克
马蹄	100克
木耳	50克

调料

盐	3克
味精	4克
白糖	3克
生粉	3克
植物油	20克

做法

① 荷兰豆择去两边，莲藕、马蹄切片，木耳洗净。

② 将荷兰豆、莲藕、马蹄、木耳分别焯水。

③ 锅内入油烧热，下入荷兰豆、莲藕、马蹄、木耳大火翻炒。

④ 加入盐、味精和白糖调味，翻炒均匀，用生粉勾芡即可。

香菇炒油菜

主料

油菜	300克
香菇	50克

调料

植物油	30毫升
蚝油	10毫升
鸡精	少许
盐、蒜末、白糖	各适量

做法

① 油菜洗净，沥干；香菇择洗干净，撕成小块。

② 锅入油烧热，放入油菜大火快炒，炒蔫后加少许盐盛出。

③ 将油菜摆在盘中，稍加造型。

④ 锅内重新放油烧热，放入蒜末爆香。

⑤ 加入香菇翻炒，放入适量盐、白糖、蚝油。

⑥ 炒熟后关火，放少许鸡精调味。

⑦ 将炒好的香菇倒在摆好盘的油菜上即可。

贴心提示

· 炒油菜的时候要大火快炒，即将出锅时放点盐调味，这样炒出的油菜不出水且能保持翠绿的颜色。

主料

西芹、白果、百合、洋葱　　　　　各50克

调料

盐、料酒各5克，味精3克，植物油20克

做法

① 将洋葱切成莲花瓣状，焯水待用。

② 白果入沸水中焯烫后捞出。西芹、百合洗净，切成小段。

③ 起油锅烧热，放入西芹、白果、百合炒熟，下入盐、料酒和味精炒匀。

④ 将炒好的料装入盘中，摆上洋葱片即可。

观音玉白果

主料

玉米粒300克，松仁50克，青豆30克，胡萝卜50克

调料

盐3克，味精4克，白糖4克，鸡粉3克，植物油20克，水淀粉5克

做法

① 胡萝卜切粒。

② 把玉米粒、青豆、胡萝卜分别焯水。

③ 松仁入油锅炸熟，备用。

④ 锅入油，放入焯过水的主料，加盐、味精、白糖和鸡粉调味。

⑤ 用水淀粉勾芡，装盘，撒上松仁即可。

松仁玉米

扫码看视频

青蒜鸡蛋干

制作时间
25分钟

难易度
★★

主料

鸡蛋干	1袋
青蒜苗	2根
青椒	1个
鲜红辣椒	1个

调料

蒜子	3个
盐	3克
酱油	1小匙
花生油	25克

TIPS:

　　鸡蛋干是近年来餐桌上常常出现的一款新食材，它用鸡蛋清制作而成。鸡蛋干口感细腻，极易入味。

做法

① 长方形鸡蛋干对切开，再斜线切开，成三角形。

② 将三角形部分再分切成三至四份，待用。

③ 青蒜苗洗净，切成寸段。

④ 青椒去籽，切成方块。

⑤ 炒锅烧热后加入少许油，放入鸡蛋干、蒜子煎至金黄。

⑥ 放入青椒、青蒜苗、鲜红辣椒，与煎好的鸡蛋干同炒，加入酱油、盐调味即可。

贴心提示

· 在菜板旁放一盆凉水，菜刀边蘸水边切辣椒，可有效减轻辣味的挥发，使眼睛不受刺激。

· 吃了特别辣的辣椒后，可先用清水漱一下口，再咀嚼一点干茶叶，口中辣味即可消除。

炸炒豆腐

制作时间
10 分钟

难易度
★

主料

内酯豆腐	1盒
青椒	50克
熟笋片	10克
面粉	20克

调料

葱片、姜末共12克，盐3/5小匙，味精1/5小匙，酱油1小匙，白糖1/2小匙，醋、料酒各1小匙，鲜汤800克，水淀粉10克，植物油800克（实耗35克）

做法

① 将内酯豆腐切长方块，滚上面粉，放在盘中。

② 青椒去蒂、籽，洗净，切成片。

③ 炒锅置旺火上烧热，倒入植物油烧至六七成热，放入豆腐块，炸至表皮呈金黄色，倒出沥油。

④ 炒锅内留少量植物油，放入姜末、葱片、笋片、青椒片略煸。

⑤ 加入酱油、白糖、盐、味精、鲜汤、料酒，烧沸后用水淀粉勾芡。

⑥ 倒入炸过的豆腐，迅速翻炒，淋入醋、明油，出锅装盘即成。

雪菜炒千张

主料

薄豆腐干（又名千张）	300克
雪菜	100克

调料

葱丝、姜丝	共8克
盐	3/5小匙
味精	1/5小匙
料酒	1小匙
鲜汤	100克
水淀粉	10克
植物油	25克

做法

① 千张切成细丝，用开水氽一下，捞出沥干水分。

② 雪菜择洗干净，切成碎末。

③ 炒锅烧热，倒入植物油烧至六成热，放入葱丝、姜丝炸香，再放入雪菜煸炒。

④ 锅中加入千张丝、盐、味精、料酒及鲜汤，微烧沸，用水淀粉勾芡，淋明油，出锅即成。

芦蒿香干

制作时间
10 分钟

难易度
★

主料

芦蒿	300克
香干	100克

调料

盐	3/5小匙
味精	1/5小匙
鲜汤	120克
植物油	25克

做法

① 香干切成丝。芦蒿择除老根，切成段。

② 炒锅置旺火上烧热，倒入油烧至六七成热，下香干煸炒，加鲜汤、盐炒至入味，装盘。

③ 炒锅复置火上，加油烧热，放入芦蒿、盐、味精、鲜汤翻炒均匀。

④ 芦蒿快熟时加香干炒匀，淋明油，装盘即成。

贴心提示

· 香干即豆干，由压干水分的豆腐经过烘烤或烟熏而成，口感较软。

降压小炒

制作时间
20 分钟

难易度
★★

主料

主料	
芹菜	150克
苦瓜	150克
枸杞	5克
白果	20克

调料

调料	
大葱	5克
盐、鸡精、花生油	各适量

做法

① 将芹菜洗净，切成段，备用。

② 把苦瓜洗净，斜刀切成块，备用。

③ 枸杞放入碗中，放入温水中泡制15分钟；白果去皮，取果肉，备用。

④ 大葱洗净，切成葱花。

⑤ 锅中放入滚烫的沸水，放入苦瓜、芹菜、白果焯水，捞出冲凉，控水。

⑥ 锅中放入适量的花生油，放入葱花爆香。

⑦ 放苦瓜、芹菜、白果、枸杞进行煸炒。

⑧ 放入盐、鸡精调味，煸炒成熟，出锅装盘即可上桌。

炒蟹粉

制作时间
10分钟

难易度
★★

主料

熟土豆泥	250克
熟胡萝卜泥	100克
蒸熟香菇、熟冬笋肉	各25克
鸡蛋	2个

调料

盐	3/5小匙
料酒、白糖、醋	各1小匙
味精、胡椒粉	各1/5小匙
姜末	5克
植物油	30克

做法

① 将土豆泥和胡萝卜泥混合在一起，装入碗中。

② 熟冬笋肉与香菇均切成细末。鸡蛋打入碗内，加部分姜末搅匀。

③ 炒锅烧热，倒入植物油，放入混合好的双泥，用手勺不停翻炒至松散，盛出。

④ 锅内加入余下的油烧至六成热，倒入加了姜末的蛋浆炒碎。

⑤ 倒入炒好的双泥，拌炒均匀。

⑥ 加入盐、白糖、料酒、姜末、香菇末、冬笋末，翻炒均匀。

⑦ 至汁浓入味后倒入醋，放入味精，撒上胡椒粉装盘即可。

干煸土豆条

制作时间
12 分钟

难易度
★★

主料

土豆   300克

调料

盐、鸡精、花生油、辣椒面
各适量，干辣椒、香菜、葱
花各10克

做法

① 将土豆洗净，去皮，切条，备用。

② 锅中放入花生油，烧至六成热，放入土豆条炸至金黄色。

③ 干辣椒洗净，切段；香菜洗净，切段，备用。

④ 锅中放入适量花生油，放入葱花、干辣椒段爆香。

⑤ 放入炸好的土豆条进行煸炒。

⑥ 放入盐、鸡精、辣椒面调味，撒香菜段，翻炒成熟即可出锅。

贴心提示

· 土豆切条时应尽量切得均匀，这样可使成菜更美观。

农家土冬瓜

制作时间
15分钟

难易度
★★

主料

冬瓜	500克
猪五花肉	10克

调料

色拉油	1500克
味精	20克
盐	5克
鸡粉	少许
东古酱油	8克
豆豉、青蒜叶、蒜	各10克
小米椒	15克

做法

① 猪五花肉洗净，切片。小米椒切段，蒜切片，青蒜叶切小段。

② 将冬瓜去皮，洗净，切片。

③ 锅内放色拉油，烧至七成热，将冬瓜放入炸熟，盛出沥油。

④ 锅内留底油，放入猪五花肉煸香。

⑤ 倒入蒜片、豆豉、小米椒煸炒。

⑥ 加入酱油翻炒一下。

⑦ 放入冬瓜继续翻炒。

⑧ 加入盐、味精、鸡粉调味。

⑨ 撒上青蒜即可出锅。

第三章

吃肉，真过瘾！

无肉不欢！

猪、牛、羊、兔，

鸡、鸭、鹅、鸽，

面对各式肉食，

你还能保持淡定吗？

本章收录的内容，

让你真真切切过足"肉瘾"。

小炒美容蹄

制作时间
35分钟

难易度
★★

主料

猪前蹄	700克
美人椒	50克
杭椒	70克
香芹	45克

调料

盐3克，味精5克，鸡粉3克，白糖3克，生抽5克，香油3克，色拉油25克，柱侯酱、葱、姜、蒜、水淀粉各适量

做法

① 锅内放凉水，把猪蹄煮熟透，剔骨；把剔骨肉切成条状，备用。

② 把美人椒、杭椒和香芹切成条状。

③ 葱切段，姜、蒜切片。

④ 把切好的美人椒、杭椒和香芹过油，备用。

⑤ 热锅放油，加入葱、姜、蒜和柱侯酱爆香。

⑥ 放入美人椒、杭椒和香芹一起煸炒，再放入猪蹄翻炒，用水淀粉勾芡，加入盐、味精、鸡粉、白糖、生抽调味，起锅时加入香油即可。

兰度牛柳

制作时间
15分钟

难易度
★★

主料

牛肉	300克
芥蓝	150克
彩椒条	5克

调料

黑胡椒碎、白糖、黑胡椒粉、味极鲜、生粉各1克，盐少许，植物油适量

做法

① 把牛柳切成条，用白糖、黑胡椒粉、味极鲜和生粉腌制入味，备用。

② 把芥蓝切段，改十字花刀。

③ 锅中放植物油烧至八成热，下入牛肉条炸熟，捞出备用。

④ 芥蓝用沸水焯一下。

⑤ 锅内倒植物油，放入彩椒条炒香，下入牛柳翻炒，再放入芥蓝煸炒片刻，加少许盐调味。

⑥ 大火收汁，勾芡，撒上黑胡椒碎即可。

蒜子薯条煸鸡翅

制作时间 20分钟

难易度 ★★

主料

鸡翅	200克
土豆条	200克
干辣椒段	10克

调料

葱段	2克
大蒜	10克

盐、鸡精、花生油、白糖、椒盐各适量

做法

① 将鸡翅剁成块，放入盛器中，加盐、白糖腌制入味。

② 锅中放入花生油，放入土豆条炸至金黄色，捞出。

③ 锅中留少许的花生油，放入大蒜煎至金黄色。

④ 放入干辣椒段、葱段、土豆条进行翻炒。

⑤ 放入鸡翅翻炒均匀。

⑥ 放上盐、鸡精、白糖、椒盐调味，炒至入味，装盘即可。

山芹五花肉土豆条

制作时间
15分钟

难易度
★★

主料

芹菜150克，猪五花肉100克，胡萝卜50克，土豆150克

调料

大蒜5克，大葱10克，盐、鸡精、花生油、生抽各适量

做法

① 将胡萝卜去皮，洗净，切成条；土豆去皮，洗净，切成条，备用。

② 将芹菜洗净，切成段，备用。

③ 将猪五花肉洗净，切成条，备用。

④ 大蒜切成蒜片，葱切成葱花。

⑤ 锅中放入滚烫的沸水，放入土豆条、胡萝卜焯水，捞出冲凉，控水。

⑥ 锅中放入适量的花生油，放入葱花、蒜片爆香，放入猪五花肉煸炒，放入生抽调色。

⑦ 放入胡萝卜、土豆、芹菜煸炒，放入盐、鸡精调味，煸炒成熟，装盘即可上桌。

木耳小炒肉

主料

水发木耳50克，猪五花肉片100克，蒜片适量，鲜红辣椒2个，小香葱2个

调料

酱油1/2茶匙，蚝油1茶匙，蒸鱼豉油2茶匙，白糖1茶匙，色拉油1茶匙

做法

① 猪五花肉内加入部分白糖、酱油腌渍半小时。木耳洗净，去蒂择净。炒锅烧热，加入色拉油烧热，放入蒜片爆香。

② 将腌好的肉片放入锅中，翻炒均匀至肉变色。

③ 木耳放锅中与肉片同炒，加白糖、蚝油及蒸鱼豉油调味即可。

肉末酸豆角

主料

酸豆角250克，青红小米泡椒少许，猪肉100克

调料

老抽、植物油各适量，葱姜蒜末各少许

做法

① 酸豆角清水洗净，切成小丁。猪肉切成与豆角大小一致的小丁。炒锅入油烧热，加入葱姜炝锅，放入酸豆角末翻炒后捞出。

② 锅入油烧热，下姜蒜末炝锅，将青红小米泡椒入锅中煸炒。

③ 猪肉丁加入锅中翻炒至变色，放少许老抽调味。

④ 加入酸豆角翻炒均匀，出锅即可。

豆豉尖椒小炒肉

制作时间
30 分钟

难易度
★★

主料

猪五花肉250克，尖椒10个

调料

老干妈辣豆豉2茶匙，小香葱2根，蒜片少许，干淀粉10克，酱油1茶匙，色拉油、盐各适量

做法

① 尖椒切成小椒圈。猪五花肉切成1厘米厚的肉片，放入容器中，加入适量盐抓匀。

② 干淀粉内加入适量水调匀，放入猪五花肉片内抓匀，腌约20分钟。

③ 炒锅烧热后加适量色拉油，滑炒肉片至全部变色后铲出，控油。

④ 炒锅重新加热后入少许色拉油，爆香香葱，放入肉片翻炒，加入酱油调色。

⑤ 加入辣豆豉翻炒，同时将椒圈放入锅中一起炒匀即可。

腊肉荷兰豆

制作时间
15分钟

难易度
★★

主料

腊肉	100克
广东腊肠	100克
荷兰豆	250克

调料

蒜片	少许
香葱	少许
红椒	1个
植物油	25克

TIPS：

　　腊制品种类很多，有腊猪肉、腊鸡、腊鱼等，这一类食物都是以腌制作为基本方法。腌和熏的目的都是为了防腐，单从味道来说，熏和不熏差别很大，但若从健康角度出发，还是不熏为好。

做法

① 红椒切成小块，香葱铁成段。腊肉经过水煮后捞出，备用；腊肠蒸熟，备用。

② 腊肉及腊肠分别切成薄片。

③ 择好的荷兰豆放入沸水中焯水。

④ 炒锅烧热后加入适量油，放入蒜片炒香。

⑤ 将荷兰豆及腊肉、腊肠放在锅中翻炒调味。

⑥ 待基本成熟后加入红椒粒及香葱段，翻炒均匀即可。

贴心提示

· 荷兰豆焯水时可加入适量盐，这样处理过的荷兰豆不易变色。

· 焯水后的荷兰豆迅速放入冷水中，也可使荷兰豆不变颜色。

山西过油肉

主料

猪里脊肉	150克
木耳	50克
蒜薹	100克
红尖椒	1个

调料

蒜片	少许
陈醋	3茶匙
白糖	1茶匙
酱油	1/2茶匙
盐、湿淀粉	各适量
花生油	1茶匙

做法

① 木耳泡发后撕成小朵。蒜薹洗净后切成寸段。猪里脊切成薄片，加入盐和湿淀粉上浆，将肉片充分抓匀。

② 炒锅置火上烧热，加入适量油，油热后放入蒜薹煸炒至断生。

③ 碗内加入陈醋、白糖、酱油，搅成汁料。

④ 锅内加油烧热，放入蒜片煸香。

⑤ 肉片放入锅中，翻炒变色后铲出。

⑥ 二次炝锅后将肉片放入锅中，依次加入木耳、蒜薹，烹入汁料，翻炒均匀即可。

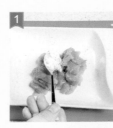

贴心提示

· 猪大腿上的肌肉，硬度适中，纹路规则，称为腱子肉；猪脊椎骨内侧的条状嫩肉，称为里脊肉。

· 猪肉要斜切：猪肉的肉质较细、筋少，如横切，烹调后易碎；斜切猪肉可使其不破碎，吃起来又不塞牙。

腊肉茭白

主料

茭白	4个
腊肉	100克

调料

姜蒜末少许，酱油、花生油各1茶匙

做法

① 茭白去皮切成滚刀块，放入开水中焯水。

② 腊肉入沸水中煮20分钟，去除浮沫。

③ 将煮好的腊肉切片（炒时可以去掉猪皮部分）。

④ 炒锅入油烧热，加入姜蒜末爆香，放入腊肉翻炒至肥肉部分变透明状，加入茭白，调入酱油翻炒均匀即可。

青豆腊肉炒香干

主料

腊肉、胡萝卜	各100克
香干	150克
青豆	50克

调料

蒜子3个，干红辣椒1个，色拉油、蚝油、豆瓣酱各适量

做法

① 分别将腊肉、香干切成 1厘米见方的小丁。

② 锅烧热后入油，爆香蒜子，加入干红辣椒，放腊肉进行煸炒，再加蚝油及清水。

③ 锅开后加入香干。锅中汤汁烧至浓稠时加入豆瓣酱与之煸炒。

④ 将青豆置于锅中与其他食材混合，翻炒均匀即可出锅。

什锦京葱

制作时间 15分钟　难易度 ★★

主料

洋葱	150克
猪瘦肉	100克
红椒、青椒、木耳	各20克

调料

盐	1/3小匙
味精	1/5小匙
白糖	1/2小匙
植物油	25克

贴心提示

· 切丝要均匀，要求旺火速成。

做法

① 洋葱洗净，切丝。红椒、青椒洗净，切成丝。木耳用冷水浸泡至涨发，洗净，撕成小朵。

② 猪瘦肉切成丝，入沸水锅中氽烫一下，立即捞出，沥干水。

③ 炒锅置旺火上烧热，入植物油烧至八成热，放入洋葱丝爆香。

④ 加入猪肉丝、红椒丝、青椒丝、木耳，调入盐、白糖、味精翻炒均匀入味，淋明油，出锅即成。

焦糖果圈松阪肉

制作时间 20分钟　难易度 ★★

主料

松阪肉	250克
苹果	2个
柠檬	半个
鲜桃仁	20克

调料

黄油	少许
白糖	1茶匙
黑胡椒粒	10克
色拉油	适量

做法

① 松阪肉切成手指宽的条，备用。用去核器将苹果中间的核剔出，切成苹果圈。

② 柠檬汁挤在苹果圈上，防止苹果变色。

③ 平底锅烧热，放入黄油慢慢化开，加入松阪肉条煎至肉条边上略带焦黄色，撒上黑胡椒粒。

④ 炒锅充分烧热，加入适量色拉油及白糖。

⑤ 放入苹果圈进行翻炒，直至糖色均匀挂在苹果圈上，装入盘中。

⑥ 煎制好的松阪肉条与鲜桃仁混合炒制。

⑦ 挤过柠檬汁的柠檬皮切成小柠檬粒状，撒到已装盘的松阪肉上即可。

贴心提示

· 焦糖果圈制作时比较费力，需要不停翻炒且需要控制好火候。

· 炒制时间如果太短就不会有焦糖的味道。最佳时间炒制是10分钟左右。

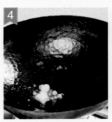

香干肉丝炒芹菜

主料

芹菜	200克
香干	100克
肉丝	60克
彩椒条	30克

调料

葱丝	15克
盐	2克
胡椒粉	少许
淀粉、香油	各1小匙
鲜味酱油、油、料酒	各1大匙
鸡精	1克
水淀粉	2勺

做法

① 芹菜切段，香干切条，葱切粗丝，备用。

② 肉丝放入盐（1克）、胡椒粉、料酒和淀粉抓匀，腌渍入味。

③ 将香干条、芹菜和彩椒条依次焯水。

④ 锅烧热，倒入油，下入肉丝煸熟。

⑤ 倒入葱丝煸香，放入香干翻炒。

⑥ 倒入芹菜段和彩椒条，放入鲜味酱油、盐（1克）和鸡精炒匀。

⑦ 倒入水淀粉炒匀，使汤汁裹匀食材后关火，淋入香油即可。

贴心提示

· 食材已焯烫过，下锅翻炒的时间不宜过长，这样才能保证芹菜的脆爽。

· 肉丝提前腌好容易入味。

· 芹菜和香干不易入味，加入水淀粉勾芡可以使其更好地入味。

贴心提示

· 里脊肉最好选用内脊。外脊肉虽然也可用，但是肉质会稍硬。

· 菠萝块在肉炸好后再处理，以保证食材大小一致，使成品更美观。

· 糖醋口的料汁，蒜香是灵魂。白醋和白糖的比例为1:1。

菠萝咕咾肉

制作时间 30 分钟

难易度 ★ ★ ★

用料

猪里脊肉	250克
菠萝	1/5个
彩椒	50克
蛋液	70克
面粉	80克

调料

大蒜	3瓣
盐	3克
胡椒粉	0.3克
料酒、生抽	各1小匙
淀粉	1/2小匙
番茄酱	3小匙
白醋、白糖、水淀粉	各2小匙
水	30克
油	500毫升

做法

① 里脊肉清洗干净,切成长约2厘米的滚刀块。

② 将肉块加入盐(2克)、胡椒粉、料酒及淀粉抓匀,腌渍入味。

③ 将蛋液入容器中打散。腌好的里脊肉先蘸蛋液后裹面粉。锅中倒入油,加热至七成热,放入处理好的里脊肉,炸至金黄后捞出沥油。

④ 将菠萝切成和肉等大的块,将彩椒切成大小相仿的菱形块。

⑤ 锅中放入1小匙油烧热,放入切好的蒜末煸香。

⑥ 转小火,加入番茄酱翻炒。

⑦ 锅中加入白醋、白糖、生抽、盐和水烧开。

⑧ 倒入水淀粉,待汤汁烧至浓稠时下入彩椒块,翻炒均匀。

⑨ 放入炸好的里脊肉,炒匀后关火。

⑩ 放入菠萝块翻炒数下,使汤汁裹匀食材,盛出即可。

贴心提示

· 米线用微波炉加热或热水轻烫一下后捞出，可获得较好的口感，省却煮的麻烦。

· 超市有售牛羊肉卤料包，非常方便。用普通锅较之高压锅可以更好地控制牛肉的熟烂程度，
要保留一定的咬头才好，不必炖太烂。

五色炒米线&老汤卤牛腱

制作时间
120 分钟

难易度
★★★

五色炒米线

用料

米线	1包
卷心菜叶	2片
胡萝卜	1/3根
洋葱	1/2个
笋	1小根
猪肉	30克
大蒜	15克
橄榄油、鲜味酱油	各1小匙
盐	1克
香油	1小匙

做法

① 将四种蔬菜处理好，切丝；猪肉切丝，大蒜切片。

② 将米线去掉包装，放入容器中，用微波炉高火加热3分钟。

③ 不粘锅烧热，倒入橄榄油，加入肉丝煸炒，放入蒜片煸香。

④ 将胡萝卜、洋葱放入锅中翻炒。

⑤ 把笋和卷心菜放入锅中，翻炒至所有蔬菜变软，放入盐和鲜味酱油。

⑥ 把米线放入锅中，用筷子炒拌至变软入味。

⑦ 淋入香油，关火出锅即可。

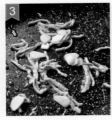

老汤卤牛腱

用料

牛腱	2根
卤料包	1个
老汤	500克
盐	适量
酱油	2小匙
老抽	1小匙

做法

① 将牛腱洗净，用清水浸泡半天，换水2~3次，泡去血水。

② 将卤料包和老汤放入锅中，添加适量的水，放入盐、酱油和老抽调味。

③ 放入牛腱，大火烧开后撇净浮沫，中小火慢炖90分钟，关火。将牛腱在汤中浸泡一夜至入味，待凉透后切片食用即可。

回锅肉

制作时间 25分钟　难易度 ★★★

主料

带皮猪五花肉	400克
蒜薹	100克

调料

郫县豆瓣酱	25克

甜面酱、酱油、料酒、盐、混合油、姜片、大蒜片各适量

做法

① 将肥瘦相连的带皮猪肉刮洗干净。

② 将猪肉放入汤锅内，煮10分钟至八成熟，捞出晾凉。

③ 将猪肉切成长5厘米、宽4厘米、厚0.2厘米的片。

④ 将蒜薹择洗干净，斜刀切成马耳朵形。郫县豆瓣酱剁成蓉。

⑤ 炒锅内放入混合油，烧至六成热时，下入肉片略炒至出油。

⑥ 倒出多余的油，加入姜片和蒜片略炒。

⑦ 加入郫县豆瓣酱、甜面酱、料酒、盐、酱油翻炒。

⑧ 放入蒜薹，颠翻炒至断生即可。

贴心提示

· 猪五花肉又称"三层肉"，位于猪的腹部。猪腹部脂肪组织很多，其中又夹带着肌肉组织，肥瘦间隔，这部分的瘦肉最嫩且最多汁。

· 猪五花肉本身已经有足够的油脂，口感通常不会太干涩，炖煮时添加一两滴醋，可以让瘦肉部分肉质软嫩一点。

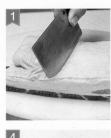

榄菜肉末四季豆

制作时间
20分钟

难易度
★★

主料

四季豆	500克
榄菜	2茶匙
红尖椒	1个
蒜子	5个
猪五花肉	100克

调料

蚝油	2茶匙
鱼露	1/3茶匙
盐	少许
花生油	适量

准备

所有原材料切成豆瓣大小的丁。

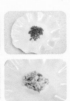

做法

① 炒锅入油烧热，放入四季豆煸炒至成熟，捞出。

② 蒜子切末，放入锅中爆香。

③ 放入猪五花肉丁煸香至出油，加入鱼露、蚝油。

④ 依次将四季豆、红尖椒丁放入锅中翻炒。

⑤ 将榄菜放入锅中，翻炒均匀，稍加盐调味即可。

贴心提示

· 鱼露、蚝油中都含有盐分，因此最后加盐调味时一定要适量。

· 为防止发生食物中毒，四季豆食用前应进行预处理，可用沸水焯透或热油煸至变色熟透。

芹菜香干炒肉

制作时间
10分钟

难易度
★

主料

韶山香干	300克
芹菜	50克
美人椒	少许
猪五花肉	20克

调料

花生油	50克
味精	5克
香油	15克
生抽	20克
盐、蒜瓣	各适量

做法

① 将香干切成菱形块，猪五花肉切1厘米厚的薄片，芹菜切3厘米长的段，蒜切片，辣椒切圈，备用。

② 锅入油烧热，放入猪五花肉煸香。

③ 放入美人椒和蒜片炒香。

④ 下香干煸炒。

⑤ 加入味精、盐、生抽调味。

⑥ 放入芹菜炒出香味，出锅前淋香油即可。

贴心提示

·芹菜用于降压时最好生吃或凉拌，连叶带茎一起嚼食。

刀板肉煨笋尖

制作时间
135 分钟

难易度
★★

主料

刀板肉	300克
干笋尖	100克

调料

蒜子	10克
青椒、红椒	各5克
葱、味精、鸡粉、生抽、蚝油、红油、色拉油、高汤各适量	

做法

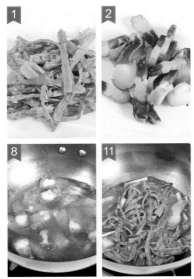

① 将干笋尖用清水泡发好，用手撕成10厘米长的条，洗净。

② 将刀板肉洗净，切成2厘米厚的块状。

③ 青椒、红椒分别洗净，切丝。葱洗净，切段。

④ 锅置火上，加入适量清水烧开，将笋丝放入，焯水后捞出。

⑤ 将刀板肉放入沸水锅中氽水。

⑥ 另起锅，放入适量红油和色拉油，放刀板肉煸香。

⑦ 加入味精、鸡粉、生抽和蚝油调味。

⑧ 加入高汤，大火烧开。

⑨ 锅中下入笋尖烧开，改小火煨2小时，连汁取出。

⑩ 锅内入油，倒入青红椒丝、葱段煸香。

⑪ 倒入笋尖和汤汁，大火收浓汁即可出锅。

蒜香大排

主料

猪肋排	500克

调料

蒜蓉	50克

海鲜酱、沙茶酱、老抽、生抽、
蚝油、红糖、味精、干红辣椒、
色拉油各适量

制作时间 135 分钟　难易度 ★★

做法

① 猪肋排剁成长段，洗净后控干，放盛器内。

② 盛器内加入海鲜酱、沙茶酱、老抽、生抽、蚝油、红糖、味精拌匀，腌2小时入味。

③ 炒锅放油烧至三成热，放入排骨，慢慢升高油温。

④ 炸至肋排熟透、表面变硬时捞出，沥油。

⑤ 炒锅留底油烧热，放入蒜蓉、干红辣椒炒出香味。

⑥ 放入排骨炒匀，装盘即成。

糖醋猪软骨

制作时间
20分钟

难易度
★★

主料

猪软骨	250克
花生米	20克

调料

干淀粉	10克
柠檬汁	10克
陈醋	50克
白糖	4茶匙
青红椒	各1个
姜蒜末	少许
色拉油、盐	各适量

贴心提示

· 加入少量的柠檬汁会使整个
菜品的口味得到较大提升。

做法

① 青红椒切块后入锅翻炒过油。猪软骨放入清水中烧开，去除血水，待用。

② 炒锅置火上烧热，加入色拉油，冷油放入花生小火炸制成熟。

③ 猪软骨捞出，加入干淀粉裹匀。

④ 炒锅加入足量的色拉油，放入猪软骨小火炸至金黄，成熟后捞出控油。

⑤ 将陈醋、白糖、柠檬汁混合，调匀成汁料。

⑥ 炒锅烧热后加姜蒜末炝锅，再加入调好的汁料烧开。

⑦ 猪软骨及花生米、青红椒块同时放入锅中翻炒，再加入盐调味即可。

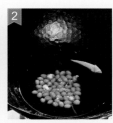

麻香豆腐

制作时间
15 分钟

难易度
★★

主料

卤水豆腐	1块
猪肉	50克

调料

郫县豆瓣酱	50克
香菇	5朵
花椒	20粒
姜蒜末	少许
盐	少许
花生油	25克

做法

① 将猪肉切成末。郫县豆瓣酱稍微剁一下。香菇切成比豆腐块小一半的块。花椒用小火焙香，碾碎成花椒末。卤水豆腐切成小四方丁。

② 锅内水烧开后加入盐，放入豆腐焯水（去豆腥味）。

③ 炒锅烧热后放入少量油，加入肉末炒熟，铲出备用。

④ 炒锅重新加热，放入姜蒜末煸香，加入郫县豆瓣酱炒香，再加入肉末。

⑤ 豆腐放入锅中翻炒，加入香菇，大火烧开。

⑥ 汤汁浓稠时加入花椒面，出锅后炝入热油即可。

主料

培根肉4片，有机菜花半个

调料

蒜子3个，盐少许，色拉油适量

做法

① 培根肉平铺在菜板上切成六等份。炒锅烧热，加入色拉油、蒜子煸出蒜香味。

② 有机菜花掰成小朵，放入油锅中翻炒后铲出。

③ 炒锅重新烧热，加入少许色拉油，放入培根肉煸炒出香味。

④ 放入煸好的菜花翻炒，加盐调味即可。

干锅培根有机菜花

主料

猪肝250克，青椒3个

调料

干淀粉、蚝油各2茶匙，蒜末少许，料酒1茶匙，酱油1茶匙，花生油2茶匙，白糖1/2茶匙，盐少许

做法

① 将猪肝切成1厘米厚的片，加盐及干淀粉充分抓匀。

② 青椒切成菱形块，用少量油滑炒，取出。

③ 炒锅烧热后加少许油，将浆好的猪肝放入锅中，滑炒后铲出。

④ 烹入料酒，同时加入酱油、蚝油、白糖翻炒均匀，放入青椒块即可。

青椒炒肝尖

老爆三

制作时间 25分钟

难易度 ★★

主料

猪腰	1个
猪肝	150克
猪肉	100克

调料

面酱、酱油、白糖	各1茶匙
盐	3克
干淀粉	2茶匙
葱姜蒜末	少许
柠檬	2片
花生油	2茶匙

贴心提示

· 在剔猪腰腺体时一定要剔除干净，否则会有异味。

· 猪肝滑油时间不宜过长，全部变色后即可铲出。

· 如怕油腻的话，可以选择较瘦的猪里脊肉。

· 面酱、酱油都比较咸，所以我们添加了少许白糖，盐一定要适量，也可不放。

做法

① 猪腰从中间片开。

② 用刀将猪腰中间的白色腺体剔除干净。

③ 将剔去腺体的猪腰翻面，改十字花刀。

④ 猪肝、猪肉片切成1厘米左右厚的片。

⑤ 切好的猪肝、肉片内分别加入干淀粉及少许盐，抓匀并用热油分别滑炒，铲出备用。

⑥ 锅中水烧开，放入2片柠檬，将猪腰放入沸水中余至水再次沸腾，待猪腰蜷缩成腰花后捞出，控干备用。

⑦ 炒锅烧热后放入少量油，爆香葱姜蒜末。

⑧ 锅内加入面酱翻炒均匀，放入腰花、猪肝、肉片快速翻炒，同时加入酱油、白糖翻炒均匀即可。

农夫焦熘肠

制作时间 20分钟

难易度 ★★

主料

猪大肠	350克
彩椒	100克
洋葱	50克

调料

色拉油、盐、味精、白糖、蚝油、干淀粉各适量

做法

① 将猪大肠洗净，斜刀切成段。

② 彩椒洗净，切片。洋葱剥去干皮，洗净，切条。

③ 炒锅上火，倒入水烧开，下入猪大肠汆水。

④ 捞起大肠控净水，拍匀干淀粉，备用。

⑤ 净锅上火，倒入色拉油烧至七成热，下入猪大肠炸至外表酥脆时捞起，沥净油。

⑥ 锅内留底油，下洋葱、彩椒炒香。

⑦ 调入盐、味精、白糖、蚝油，下入猪大肠迅速翻炒均匀即可。

冬笋炒腊肉

制作时间
15分钟

难易度
★

主料

冬笋	300克
蒜子	10克
青蒜叶	10克
腊肉	100克

调料

花生油	20克
酱油	10克
味精、盐	各1克
鸡粉	2克
干辣椒油	25克

做法

① 将冬笋去皮洗净，腊肉切片，辣椒切段，蒜子切片，青蒜叶切斜刀。

② 将冬笋煮熟，切片，备用。

③ 锅内放入花生油，将腊肉煸香。

④ 加入蒜片和干辣椒翻炒。

⑤ 下入味精、鸡粉，小火翻炒入味。

⑥ 加入酱油，炒半分钟。

⑦ 加入青蒜叶，迅速翻炒即可出锅。

蒜苗腊肉

制作时间 30 分钟　　难易度 ★★

主料

生腊肉	300克
青蒜	20克
红尖椒	30克

调料

香油	5克
植物油	15克
料酒	5克
味精	1克
白砂糖	2克

做法

① 将整块腊肉放入锅中蒸20分钟，取出去皮，切成薄片。将洗净的青蒜切成斜段。辣椒洗净、去籽，切成片状。

② 锅内加入适量水烧开，将腊肉、蒜苗分别放入水中烫熟，捞出。

③ 锅中倒入油烧热，放入蒜苗、辣椒炒拌均匀。

④ 放入腊肉、味精、白砂糖、料酒及适量清水，用大火快速翻炒。

⑤ 浇淋香油起锅，盛入盘中即可食用。

干煸肚丝杏鲍菇

制作时间
25分钟

难易度
★★

主料

七分熟猪肚丝	250克
杏鲍菇	1根

调料

蒜子	5个
干红辣椒	2个
蚝油	2茶匙
色拉油	少许

做法

① 炒锅烧热，放入色拉油烧热，入杏鲍菇炸透，捞出。

② 炒锅内加入清水烧开，放肚丝煮沸，捞出控干水。

③ 蒜切末。炒锅重新烧热，加少许色拉油，放入蒜末爆香，加入肚丝煸炒。

④ 煸炒过程中加入蚝油。

⑤ 将炸制好的杏鲍菇、干红辣椒放入锅中，与肚丝一同翻炒即可。

贴心提示

· 肚丝一定要用沸水汆煮，去掉腥味。

· 蒜末、干红辣椒都是去除猪肚腥味的法宝。

红烧蹄筋

制作时间 25分钟　难易度 ★★

主料

发好的牛蹄筋	500克
黄瓜、笋、油菜	各适量

调料

郫县豆瓣酱、料酒、味精、葱、姜、鲜汤、花生油各适量

做法

① 黄瓜、笋分别洗净，切片。

② 油菜洗净，下沸水锅焯水后捞出，摆入盘中。

③ 牛蹄筋切成3厘米长的段，入开水锅稍煮，捞出。

④ 炒锅放油烧热，下葱、姜、豆瓣酱炒出香味，烹入料酒。

⑤ 加鲜汤烧开，用小漏勺把豆瓣酱渣捞出。

⑥ 放入蹄筋、笋，小火慢烧至汤汁浓稠。

⑦ 放入黄瓜片略烧，撒味精，出锅即成。

贴心提示

· 牛蹄筋对腰膝酸软、身体瘦弱者有很好的食疗作用。

炒杂烩

制作时间
20分钟

难易度
★★

主料

牛里脊250克，大白菜、胡萝卜、竹笋、洋葱、黄瓜各125克，菠菜、鸡蛋皮各50克，粉丝60克

调料

酱油、白糖各2小匙，黑、白胡椒粉各1克，盐2/5小匙，味精1/3小匙，香油1小匙，植物油20克

做法

① 将粉丝用温水泡软后捞出，控干，切成段。

② 白菜、胡萝卜、竹笋、洋葱、黄瓜均洗净，切成丝。

③ 菠菜切成段，鸡蛋皮切丝。

④ 牛肉切丝，加白糖、酱油、香油、黑胡椒粉搅拌均匀，腌15分钟至入味。

⑤ 锅入油烧至五成热，分别放入牛肉丝、大白菜丝、粉丝、胡萝卜丝、竹笋丝、洋葱丝、菠菜段炒熟，盛出。

⑥ 净锅置火上，加少许油烧热，放入所有炒好的原料，调入酱油、白糖、盐、白胡椒粉和味精，炒匀出锅即可。

豉椒牛肉

制作时间 18分钟

难易度 ★★

用水淀粉勾芡，翻炒均匀，淋香油后即可出锅。

主料

牛后腿肉	300克
青椒	200克
豆豉	50克
蛋清	1个

调料

酱油、料酒	各2小匙
盐	2/5小匙
白糖	1小匙
味精、胡椒粉	各1/4小匙
清汤	100克
葱花、姜丝、蒜泥	共12克
植物油	800克
小苏打、香油、水淀粉	各适量

做法

① 牛肉洗净切片，加盐、水淀粉拌匀，入味上浆。

② 牛肉片加小苏打、酱油、蛋清、植物油、料酒拌匀。

③ 青椒去蒂、籽，洗净，切片。豆豉剁碎。

④ 炒锅烧热，倒入植物油烧至四成热，放入肉片滑熟。

⑤ 倒入青椒稍炒，捞出控油。

⑥ 炒锅留底油，放入葱花、姜丝、蒜泥炝锅，加入牛肉、青椒翻炒。

⑦ 加入酱油、胡椒粉、味精、白糖、清汤和剁碎的豆豉，

牛肉丁豆腐

制作时间
15分钟

难易度
★★

主料

豆腐250克，牛肉50克，蛋清
1个

调料

料酒、酱油各1.5小匙，白糖1
小匙，盐2/5小匙，郫县豆瓣
15克，葱10克，姜末5克，味
精1/3小匙，植物油700克（实
耗35克），水淀粉适量

做法

① 葱切段，郫县豆瓣剁细，待用。

② 豆腐切成2厘米见方的丁，倒入开水锅中焯一下。

③ 牛肉洗净，剔去筋膜，切成0.5厘米见方的丁。

④ 牛肉丁放入碗中，加酱油、料酒、蛋清、盐、味精和水淀
粉搅拌均匀。

⑤ 炒锅烧热，倒入植物油烧至五成热，放牛肉丁炸至酥
松，捞出控油。锅内留少许底油烧热，放葱段、姜末、郫
县豆瓣煸炒至变色、起香。

⑥ 放入豆腐丁、牛肉丁炒匀，用水淀粉勾芡即成。

菜椒牛肉粒

制作时间 20分钟　难易度 ★★

主料

牛里脊	250克
黄彩椒	1个
红椒	1个

调料

蒜片	少许
黑白胡椒碎	5克
蚝油	2茶匙
香油	少许
白糖	1茶匙
盐、花生油	各适量

做法

① 牛肉顶刀切成小四方丁，加入盐抓匀。

② 牛肉粒里加入黑白胡椒碎、蚝油。

③ 加入白糖、香油，将牛肉粒与所有调味料调拌均匀，待用。

④ 黄色彩椒从1/3处切开，去籽，同红椒切成与牛肉粒大小一致的丁。炒锅入油烧热，放入腌渍好的牛肉炒至变色，加入其他食材翻炒均匀即可。

黑椒银芽炒牛柳

制作时间 30分钟

难易度 ★★

主料

牛柳	250克
银芽	100克
黑胡椒	5克
土豆	1个
青、红尖椒	各1/2个

调料

葱花、蒜片	各少许
辣豆豉	1茶匙
豆瓣酱	1/2茶匙
酱油	1茶匙
盐、花生油	各适量

做法

① 牛柳顶丝切成条，加入黑胡椒粒、盐抓匀，腌渍20分钟。

② 银芽去掉头尾，洗净控水。

③ 土豆切成与牛柳同宽的土豆条，放入锅中煸炒成熟。

④ 辣豆豉、豆瓣酱、酱油调和均匀成汁料。

⑤ 青红尖椒切丝。炒锅烧热后放少许油，煸炒青、红尖椒丝。

⑥ 炒锅入油烧热，用葱蒜爆香，加调好的汁料炒香，加入牛柳丝等料翻炒均匀即可。

辣妹子炒牛柳

制作时间 20分钟　难易度 ★★

主料

牛柳	300克

调料

辣妹子辣椒酱	30克
洋葱	半个
蒜末	少许
黑胡椒粒	5克
盐	适量
色拉油	适量

做法

① 牛柳切成条，加入黑胡椒、盐抓匀，腌渍入味。

② 洋葱切成与牛柳同宽的细丝，放入炒锅炒至断生，取出。

③ 炒锅烧热，加入色拉油烧热，放入腌渍好的牛柳丝煸炒至牛柳全部变色，铲出控干水。

④ 炒锅重新烧热后加入色拉油，用蒜末爆香，加辣妹子煸出红油。将牛柳丝和洋葱丝放入炒锅，迅速翻炒均匀即可。

香辣牛肉粒

制作时间
20 分钟

难易度
★★

主料

牛肋条	300克
干红辣椒	100克

调料

黄油	10克
蒜子	8个
黑胡椒粒	20克
熟芝麻	少许
色拉油、盐	各适量

做法

① 牛肋条切成丁。

② 平底锅内加入黄油，用小火将其慢慢化开。

③ 放入牛肉粒，煎约8分钟。

④ 牛肉粒周边稍现焦黄色时最好。

⑤ 炒锅烧热后加入少量色拉油，放入干红辣椒小火煸炒至枣红色，铲出晾凉，备用。

⑥ 锅中入蒜子煸香，加入牛肋条，大火翻炒，加入黑胡椒粒。

⑦ 将干红辣椒一起放锅中翻炒，最后加盐调味，撒入熟芝麻即可。

麻辣牛肉片

制作时间 20 分钟　难易度 ★★

主料

主料	
牛里脊	250克
鸡蛋	1个
干红辣椒	20克
芹菜	1根

调料

调料	
花椒	10克

蒜子、香葱、盐、蚝油、花生油、酱油各适量

做法

① 芹菜切斜段，入沸水中焯烫。鸡蛋打入碗中。牛里脊切片，加入适量盐、鸡蛋液抓匀。

② 炒锅烧热后加入适量油，小火将花椒和干红辣椒炒香。

③ 将炒香的辣椒、花椒盛出晾凉，斩碎。炒锅重新加热，放少量油及蒜瓣、香葱爆香。

④ 锅中放入牛肉片大火翻炒，同时加入蚝油、酱油、芹菜段炒匀，出锅后撒上剁碎的干辣椒即可。

 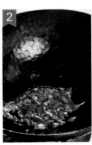  

桂花羊肉

制作时间
25 分钟

难易度
★★

主料

熟精羊肉	300克
蛋清	1个

调料

盐	3/5小匙
味精	1/4小匙
花椒水	1小匙
料酒	1/2大匙
胡椒粉	1/5小匙
葱段	10克
植物油	700克
水淀粉	适量

做法

① 将羊肉用手撕成细丝，加盐、味精、花椒水、胡椒粉、料酒腌制入味。

② 羊肉中再加蛋清、水淀粉拌匀上浆。

③ 锅入油烧至五成热，放入羊肉丝滑散，捞出沥油。

④ 炒锅留底油，放入葱段炝锅，加料酒、盐、味精调味，放入羊肉丝。

⑤ 用水淀粉勾芡，翻炒均匀，淋明油，出锅装盘即成。

贴心提示

· 将羊肉切整齐后用手撕成丝，形似桂花。

辣炒羊肉丝

主料

精羊肉	300克

调料

干辣椒	6只
盐	2/5小匙
酱油	2小匙
葱、姜、蒜丝	共12克
料酒	2小匙
味精、胡椒粉	各1/4小匙
香油、花椒水	各1小匙
植物油	25克

做法

① 羊肉洗净，剔净筋膜，切成丝。

② 羊肉丝用清水浸泡，捞出控干水，加料酒、盐、花椒水、胡椒粉拌匀入味。

③ 干辣椒泡软，切长丝。

④ 炒锅烧热，入油烧至五成热，放入辣椒丝煸至变色，铲出。

⑤ 将羊肉丝放入油锅中，煸到肉丝呈深黄色时加入干辣椒丝、姜丝、蒜丝稍煸。

⑥ 加酱油，放入葱丝，淋香油，放味精炒匀即可。

辣炒羊排

制作时间
25分钟

难易度
★★★

主料

羊小排	500克
柠檬	半个
炸花生米	30克
青椒	1个

调料

小茴香、百里香	各10克
花椒	20粒
干红辣椒	5个
老干妈辣豆豉	1茶匙
蜂蜜	20克
洋葱	半个
葱姜蒜片、花生油	各适量

做法

① 羊排斩成寸块。

② 锅中放冷水，加入柠檬、花椒、羊排、小茴香、百里香煮至八成熟，捞出控干水。

③ 炒锅入油烧热，将葱姜蒜、干红辣椒、辣豆豉爆香，放入羊排煸炒。

④ 待羊排炒至色泽均匀，加入洋葱、青椒、炸花生米、蜂蜜，炒至均匀入味即可出锅。

蜀香羊肉

主料

羊里脊肉	300克
土豆	1个

调料

盐、白糖、辣椒面、孜然粉、淀粉、松肉粉、鸡粉、葱段、蒜片、花生油各适量

做法

① 羊肉去筋，切成厚片，加淀粉、松肉粉、盐、白糖、鸡粉腌制入味，备用。

② 土豆切片，入热油锅炸至呈金黄色，捞出摆盘中。

③ 锅中入油烧热，爆香葱、蒜，加羊肉片、盐、味精、白糖、辣椒面、孜然粉翻炒均匀，盛于炸好的土豆片上即可。

水芹炒百叶

主料

水芹菜	300克
羊百叶	120克

调料

盐3/5小匙，味精1/5小匙，料酒、醋各1小匙，植物油20克

做法

① 水芹菜择去叶、须根、老根，洗净，切成约4厘米长的段。百叶切成丝。

② 炒锅中加入清水烧沸，放入百叶浸泡，捞出控水。炒锅洗净，置火上烧热，倒入植物油烧至七成热，放入水芹段煸炒。

③ 加入百叶丝，调入盐、味精、料酒、醋翻炒至入味、断生，出锅装盘即可。

泡椒鸡片

制作时间 20分钟　难易度 ★★

主料

鸡脯肉	300克
泡椒	50克

调料

盐、料酒、白糖、花椒、葱姜蒜、花生油、辣椒油、蛋清、湿淀粉、鸡汤各适量

做法

① 鸡脯肉片成片，加盐、料酒腌制入味，用蛋清、淀粉上浆。

② 将鸡脯肉入五成热油中滑熟，倒出控油。

③ 起油锅烧热，爆香葱姜蒜、花椒，加鸡汤，放盐、白糖调味。

④ 加鸡片炒匀，用湿淀粉勾芡，起锅装盘中。

⑤ 用辣椒油炒香泡椒，浇在鸡片上即可。

贴心提示

· 鸡肉含有谷氨酸钠，可以说是"自带味精"。烹调鲜鸡时，只需要放适量的油、盐、葱、姜、酱油等，味道就很鲜美。

鸡丁腰果

制作时间
20分钟

难易度
★★

主料

生鸡	半只
腰果	60克
西芹	120克
马蹄	4个
胡萝卜	1个
小红萝卜	8个
青豆	60克

调料

葱白、姜片	共15克
蛋清	2个
水淀粉	50克
盐	4/5小匙
味精	2/5小匙
白兰地酒	1/2大匙
植物油	1000克（实耗40克）

做法

① 鸡洗净，剔骨取肉，切丁。

② 鸡丁加盐、味精、蛋清、淀粉拌匀。

③ 腰果放入加盐的沸水锅中烫一下，捞出晾干。

④ 腰果下热油锅中炸香，捞出。

⑤ 胡萝卜、西芹均洗净，切丁。

⑥ 西芹、马蹄、小红萝卜、青豆加盐拌一下，下热油锅浇炸，装盘待用。

⑦ 炒锅烧热，倒入植物油烧至六成热，放入鸡丁炸至金黄，捞起沥油。

⑧ 锅留底油烧热，放入鸡丁、西芹丁、马蹄丁、胡萝卜丁、小红萝卜、青豆、葱白丁炒匀，烹入白兰地酒，淋入水淀粉勾芡，拌入腰果，装盘即成。

芋儿鸡

主料

鸡	1只
芋儿	300克

调料

老姜、葱、花椒、酱油、盐、花生油各适量

做法

① 锅中放油烧至七成热，倒入鸡块、姜、葱结、花椒一起爆炒至水干亮油。

② 将鸡块推至锅边，放盐、酱油，中小火炒至出香味、上色。

③ 放汤或水烧沸，加盖，改小火慢慢焖约40分钟至鸡块七成熟，再放少许盐，下芋儿，加盖，中火烧沸后改小火继续焖约20分钟至芋儿软糯，拣去葱、姜不要，收浓汤汁起锅即成。

蛤蜊鸡

主料

蛤蜊	200克
鸡腿肉	250克

调料

色拉油、酱油、水淀粉、盐、味精、葱姜蒜末、香菜段各适量

做法

① 鸡腿肉洗净，剁成块。蛤蜊吐净泥沙后洗净，沥干。

② 炒锅上火，倒入水烧开，下入鸡块汆水，捞起控净水。

③ 净锅上火，倒入色拉油烧热，下葱姜蒜末炒香，烹入酱油，放入鸡块煸炒至熟，调入盐、味精，再放入蛤蜊翻炒至张口，勾薄芡，撒入香菜段即可。

菠萝鸡丁

制作时间
20分钟

难易度
★★

主料

鸡胸肉	250克
菠萝	1个
青红椒	1个
腰果	100克

调料

番茄沙司	2茶匙
盐、葱姜、花生油	各适量

做法

① 鸡胸肉切丁。青红椒切丁。锅置火上，冷油小火将腰果慢慢炸熟。菠萝从1/5处切开，用刀将菠萝肉划开，深度在2/3处。

② 剔出的菠萝肉切成丁状，放少许盐腌渍一下。

③ 鸡肉丁内加入少许盐抓匀，入锅滑炒。

④ 炒锅烧热后放入葱姜炝锅，加入鸡丁、青红椒翻炒均匀。

⑤ 加入菠萝丁，放入已经挖好的菠萝盒内即可。

五彩鸡丁

制作时间
20分钟

难易度
★★

主料

鸡肉（切成丁）	250克
胡萝卜、青蚕豆、红尖椒、玉米粒各50克	

调料

蚝油	1茶匙
盐	适量
酱油	1/2茶匙
干淀粉	20克
花生油	1茶匙

做法

① 鸡丁内加少许盐、淀粉和蚝油拌匀，腌渍入味。

② 鲜蚕豆放入开水中焯8分钟。胡萝卜、红椒、玉米粒也分别焯水，放入冷水中。

③ 锅热后加入少许油，放入鸡丁煸炒至变色。

④ 将其他食材一起放入锅中翻炒均匀，加盐调味后出锅即可。

宫保鸡丁

制作时间
30 分钟

难易度
★★★

主料

鸡胸肉	250克
油炸花生米	20粒

调料

干红辣椒	4个
花椒	20粒
白糖	2茶匙
米醋	4茶匙
干淀粉	10克
湿淀粉	20克

葱白、蒜姜片、盐、色拉油、香油各少许

扫码看视频

做法

① 鸡胸肉切成长宽1厘米的方丁状，加盐及湿淀粉将鸡肉抓匀，表面封油后置于冰箱内20分钟。

② 炒锅烧热后加入色拉油，将鸡肉滑炒至变色，捞出控油。

③ 炒锅重新烧热后加少许油，放花椒、干红辣椒小火炒香，铲出。

④ 白糖、米醋放在盛器内，再加入干淀粉调匀，即成汁料。

⑤ 锅中入姜蒜片炝锅，加入鸡丁及汁料迅速翻炒均匀，使汤汁均匀包裹在鸡肉上。

⑥ 花椒、辣椒、油炸花生米同时加入锅中翻炒，最后淋入香油出锅即可。

炒辣子鸡丁

主料

鸡肉	400克
马蹄、青红尖椒丁	100克

调料

盐、酱油、甜面酱、料酒、花生油、葱姜片、淀粉、鸡蛋液各适量

做法

① 鸡肉洗净，切丁。马蹄洗净，去皮切丁。

② 鸡肉加盐、料酒腌制入味，加鸡蛋液、淀粉抓匀。

③ 将鸡丁入油锅滑熟。马蹄丁、青红尖椒丁入沸水焯熟。酱油、料酒、淀粉对成汁。

④ 起油锅烧热，爆香葱、姜，加甜面酱稍炒，放入鸡肉丁、马蹄丁和青红尖椒丁，倒入对好的芡汁炒匀，装盘即成。

果味鸡丁

主料

鸡脯肉200克，菠萝1/4个，苹果半个，圣女果2个

调料

盐、白糖、料酒、姜片、葱段、湿淀粉、鲜汤、精炼油、松肉粉各适量

做法

① 鸡脯肉去骨，切丁，加盐、松肉粉、料酒、姜、葱码味15分钟，用湿淀粉和匀。

② 菠萝、苹果、圣女果分别切丁。

③ 将盐、白糖、鲜汤、湿淀粉调匀成味汁。

④ 锅置旺火上，入精炼油烧至四成热，放入鸡丁滑散至熟，滗去余油，倒入菠萝丁、苹果丁、圣女果丁颠锅和匀，烹入味汁，收汁亮油，起锅装入盘中即成。

干香辣子鸡

主料

净鸡	半只

调料

蒜片	20克
干红辣椒	250克
干淀粉、酱油	各3茶匙
白糖	2茶匙
花椒	20粒
花生油	300克

做法

① 将鸡斩成小块。

② 将鸡肉放入冷水锅中，煮开后捞出控水。

③ 控干水的鸡肉中加入干淀粉，充分抖匀。

④ 炒锅内加入适量油，油温达到八成热时放入鸡块，炸至变色后捞出。将油滤清，炒锅洗净。

⑤ 在初炸第一遍的鸡块内加入酱油，调拌均匀。

⑥ 炒锅烧热，再次将鸡块放入锅中炸制成熟，捞出，将油滤清。

⑦ 炒锅烧热后稍加一点油，放入干红辣椒及花椒小火炒香，铲出晾凉。

⑧ 炒锅内重新加入少量油，油热后放入蒜片、白糖煸炒。

⑨ 加入鸡块翻炒均匀，最后放入炒好的干红辣椒及花椒即可。

豆豉香煎鸡翅

制作时间
25分钟

难易度
★★

主料

鸡翅中	5个
青椒	1个
香芹	2根

调料

干红辣椒	3个
蒜子	8个
辣豆豉、蚝油	各2茶匙
色拉油	适量

做法

① 平底锅入少许油，烧七成热时放入鸡翅，使鸡皮面朝下。

② 待鸡翅变成焦黄色后再翻面，放入蒜子同煎至金黄。

③ 香芹择好洗净，切成寸段。

④ 青椒去籽，切块。

⑤ 炒锅烧热后入少许色拉油，放入青椒煸炒，铲出备用。

⑥ 炒锅内重新加入10克色拉油，放入蒜子煸香。

⑦ 加辣豆豉、蚝油炒匀。

⑧ 放入干红辣椒炒匀，倒入清水，待汤汁烧开后加入鸡翅，烧至汤汁浓稠时加入青椒、香芹，翻炒均匀即可。

贴心提示

· 煎制鸡翅时也可不放油，让鸡翅内油脂通过加温慢慢释放出来，用自身油脂将鸡翅煎熟。

香椿炒鸡蛋

主料

香椿	300克
鸡蛋	2个

调料

盐、植物油	各适量

做法

① 将香椿芽叶与较粗的根茎类分别处理。

② 鸡蛋磕入碗中，搅打均匀。

③ 较粗的根茎再次剁碎，与香椿叶一起加入蛋液中混合。

④ 在混合好的蛋液内加盐调拌均匀。

⑤ 平底锅烧热后加入色拉油，待油温升至八成热时，加入1汤勺香椿蛋液，煎至蛋液凝固即可。

辣香芝麻鸡翅

主料

中节鸡翅600克，熟白芝麻35克，干辣椒节15克

调料

料酒60克，盐3克，鸡精2克，精炼油75克，山奈、八角、丁香、生姜片、花椒、葱节、桂皮、陈皮各少许

做法

① 鸡翅投入沸水锅中余水，洗净后入碗。

② 碗中再加入盐、葱节、花椒、桂皮、陈皮、八角、丁香、山奈、生姜片，入蒸锅蒸入味，拣出鸡翅。

③ 锅入油烧热，下干辣椒、鸡翅翻炒几下。

④ 下料酒和原汤，用中火烧至无汤汁时，放鸡精、熟芝麻推匀，装盘即成。

干煸鸡心

主料

鸡心	400克
芹菜	60克
青蒜	适量

调料

植物油	120克

豆瓣辣椒酱、辣椒粉、白糖、料酒、姜、盐、酱油、醋、味精各适量

做法

① 鸡心洗净，片成1～2毫米厚的片。姜去皮，切丝。

② 芹菜择去根、筋、叶，洗净，切成2～3厘米长的段。

③ 青蒜择洗净，切段。豆瓣辣椒酱剁成细泥，备用。

④ 炒锅用旺火烧热，倒入植物油烧至六七成热，放入鸡心快速煸炒几下。

⑤ 加入盐，炒至鸡心酥脆且呈枣红色。

⑥ 加入豆瓣辣椒酱和辣椒粉，再颠炒几下。

⑦ 依次加入白糖、料酒、酱油、味精、盐，翻炒均匀。

⑧ 放入芹菜、青蒜、姜丝拌炒几下，淋少许醋，颠翻几下后盛出即可。

油爆鸭丁

制作时间
20分钟

难易度
★★

主料

鸭脯肉	200克
玉兰片、香菇、黄瓜	各30克
鸡蛋清	1个

调料

盐	2/5小匙
料酒	1小匙
味精	1/5小匙
鸡汤	60克
葱末、姜蓉、蒜泥	共12克
植物油、水淀粉	各适量

做法

① 将鸭脯肉上的筋膜去除，两面用刀拍松，再切丁。

② 鸭丁加盐、蛋清、水淀粉抓匀。

③ 玉兰片、香菇分别洗净，切成大丁均匀的丁，放入沸水锅中焯一下。黄瓜切丁。

④ 将鸡汤、料酒、味精、水淀粉同放碗中，调成芡汁。炒锅烧热，倒入植物油烧至四成热，放入鸭丁拨散，炸至八分熟时捞出。

⑤ 锅内留少量油，放入葱末、姜蓉、蒜泥炒香，倒入黄瓜丁、玉兰丁、香菇丁、鸭丁，翻炒均匀。

⑥ 倒入对好的芡汁，颠翻均匀即可起锅。

干煸豆豉鸭

制作时间
30 分钟

难易度
★★

主料

生鸭	1只（约重1200克）
洋葱	50克

调料

豆豉	50克
蒜泥、姜片、葱段	共30克
料酒	2大匙
盐	1/3大匙
味精	3/5小匙
植物油	60克
水淀粉	1大匙

做法

① 将鸭宰杀并处理净，切块。

② 鸭块放入容器中，加葱段、姜片、料酒、盐腌渍入味。

③ 洋葱剥去皮，切丁，下热油锅炒香，盛出备用。

④ 炒锅置旺火上烧热，倒入少量植物油，放入姜片、蒜泥、葱段煸香，再放入洋葱丁、豆豉、鸭块一同翻炒。

⑤ 加入料酒、水、盐、味精，小火煮20分钟后用水淀粉勾芡，撒上葱花，装盘即可。

贴心提示

· 做菜用的鸭子要选嫩鸭。

· 此菜豆豉的用量要大，体现豆豉风味。

酱爆油豆腐鸭片

制作时间 30 分钟　难易度 ★★

主料

鸭腿肉	250克
香菇	25克
油炸豆腐、青椒	各100克
笋肉	85克
洋葱	15克

调料

酱油、生油	各2/5小匙
甜面酱	1大匙
郫县豆瓣	20克
白糖、姜汁	各1小匙
淀粉	30克
蒜泥	5克
植物油	适量

做法

① 鸭肉切片，加入姜汁、酱油腌20分钟至上色入味。

② 将鸭片用淀粉拍匀。

③ 油豆腐用热水洗过，挤去水，切成小片。

④ 香菇、笋、洋葱、青椒均洗净，切片。

⑤ 用郫县豆瓣、酱油、甜面酱、白糖混合均匀，调成料汁。

⑥ 炒锅烧热，加入植物油烧至六成热，放入鸭片炸至八成熟时捞出。

⑦ 锅内留少量油，放入蒜泥和滑好的鸭肉煸炒片刻。

⑧ 放入豆腐片、香菇片、笋片、洋葱片、青椒片共炒熟，倒入调味汁，翻炒均匀即成。

第四章

水产，最美味！

这里有"小海鲜之王"——蛤蜊，

有"蛋白质宝库"——虾，

有"食中珍味"——螃蟹，

更少不了让人欲罢不能的鱼类……

海鲜，河鲜，快游到碗里来吧。

杏鲍菇龙利鱼丸

制作时间
40分钟

难易度
★★

主料

杏鲍菇1个，龙利鱼1片，鲜虾仁10个，青豆30克

调料

黑胡椒粒5克，盐少许，橄榄油10克，色拉油20克，蒜末少许，蚝油1茶匙，白糖1茶匙

做法

① 用黑胡椒粒、盐及橄榄油将龙利鱼腌渍30分钟。

② 将龙利鱼片、虾仁同时放入料理机内，搅打成馅料。

③ 将馅料入容器中，搅拌上劲，加入色拉油搅拌均匀。

④ 杏鲍菇切成滚刀块。

⑤ 炒锅烧热后加入色拉油，将搅好的馅料做成鱼丸，放锅中炸制。

⑥ 锅中入蒜末炝香，放入杏鲍菇煸炒至微微有焦黄色，加入蚝油、白糖翻炒均匀。

⑦ 锅内加入鱼丸、青豆与杏鲍菇一同翻炒即可。

辣炒小黄鱼

制作时间
135 分钟

难易度
★

主料

小黄鱼	1条

调料

蒜子5个，干红辣椒3个，香葱2根，小茴香5克，盐1/2茶匙，姜片适量，料酒1茶匙，色拉油适量

做法

① 小黄鱼斜刀切成块，均匀撒上盐，滴入料酒，腌渍2小时以上。

② 炒锅烧热后加入色拉油，待油温升至八成热时，放入鱼块炸至呈金黄色。

③ 炸好的鱼块放入笊篱中，控出多余的油分。

④ 蒜子用刀拍破，放入炒锅中煸出香味。

⑤ 锅中同时加入干红辣椒、小茴香及炸好的鱼块，迅速翻炒。

⑥ 将切好的香葱段加入锅中，翻炒出锅即可。

贴心提示

· 腌渍时加些料酒主要是用来去除腥味。

抓炒鱼条

⑥ 放入鱼条翻炒，淋上香油，出锅装盘即成。

主料

净青鱼肉	300克
鸡蛋	1个

调料

料酒、白糖	各1小匙
盐	3/5小匙
香醋	1/2大匙
鸡汤	80克
葱、姜末、蒜泥	共12克
植物油	800克（实耗35克）
香油	3/5小匙
面粉、淀粉、味精	各适量

做法

① 净青鱼肉切成长方条，用盐、料酒、葱末、姜末腌渍入味，备用。

② 在容器中打入鸡蛋，调入面粉、淀粉、水、盐，调成全蛋糊，待用。

③ 鱼条挂全蛋糊，放入热油锅中炸至呈金黄色，捞出沥油。

④ 用白糖、料酒、盐、味精、鸡汤、水淀粉调成卤汁，再加入香醋，待用。

⑤ 净锅置火上，加入少许植物油，煸炒姜、蒜，烹入卤汁。

银鱼苦瓜

制作时间 15分钟

难易度 ★★

主料

苦瓜	1个
银鱼干、豆豉	各适量
青蒜	1根
红辣椒	30克

调料

姜丝	5克
辣豆瓣酱、酱油、植物油、白糖、盐各适量	

做法

① 苦瓜洗净，对剖开，去瓤，切成0.7厘米厚的片。

② 青蒜和红辣椒切斜段。银鱼干泡软，洗净，沥干。

③ 豆豉冲洗一下，泡水2分钟，沥干。

④ 锅中烧热油，放入苦瓜片，大火煸炒至苦瓜回软且有香气逸出时盛出。

⑤ 利用锅中余油炒香银鱼，放入豆豉和姜丝同炒。

⑥ 加入其余调料，倒入红辣椒段、青蒜段和苦瓜片，大火拌炒至汁收干即可。

回锅鲇鱼

制作时间 25 分钟　难易度 ★★

主料

净鲇鱼肉	500克
蒜苗	70克

调料

鸡精、盐	各4克
全蛋淀粉	100克
豆豉	14克
料酒	15克
精炼油	1000克
白糖	2克
姜片	12克
郫县豆瓣	20克
葱段	13克

做法

① 鲇鱼肉切片，用盐、料酒、姜、葱腌入味。

② 蒜苗切成马耳朵形，豆瓣剁细，豆豉剁碎。

③ 锅置火上，下精炼油烧至六成热时，放入腌入味后的鱼片，裹上全蛋淀粉，下锅炸至定形，捞出。

④ 再将油温回升到七成热，下鱼片炸至外酥呈金黄色，捞出。

⑤ 锅入精炼油烧至五成热，放入郫县豆瓣炒香。

⑥ 加豆豉炒香出色，将鱼片回锅，加盐、白糖、鸡精炒入味，最后放蒜苗炒断生，起锅装盘即成。

番茄鱼片

制作时间 15分钟　难易度 ★★

主料

净鲜鱼肉	300克
番茄	200克

调料

鸡蛋清、淀粉、清汤、化猪油、盐、胡椒粉、白糖、料酒各适量

做法

① 将净鱼肉去皮洗净，片成片。

② 将鱼肉片中加盐、胡椒粉、少许料酒拌匀，再加入蛋清、淀粉拌匀。

③ 番茄去蒂，切瓣，去籽，片成片。

④ 将盐、味精、胡椒粉、白糖、料酒、清汤和淀粉调成味汁。

⑤ 鱼片入油锅中，用筷子滑散，滗去余油。

⑥ 锅内加番茄推匀，烹味汁，起锅装盘即成。

花生辣银鱼

制作时间 20分钟　　难易度 ★★

主料

银鱼干	200克
油炸花生米	120克
青辣椒、红辣椒	各5个

调料

料酒、酱油	各1大匙
蒜末	15克
葱	2根
大蒜酥	15克
白糖、盐	各1/4茶匙
植物油	6~7大匙

做法

① 银鱼冲洗2~3次后控干，晾10分钟。

② 红辣椒和青辣椒均切斜片，葱切段。

③ 炒锅放4~5大匙油烧热，放入银鱼大火炸制，待银鱼变得酥脆时捞出。

④ 另起净锅，烧热2大匙油，放入葱段和蒜末炒一下，再将红辣椒片、青辣椒片和银鱼下锅。

⑤ 淋入料酒，再加入酱油、白糖和盐翻炒一下。

⑥ 沿锅边淋入水，大火炒干后关火。

⑦ 拌入大蒜酥和花生米即可。

小鱼炒豆干

制作时间
15分钟

难易度
★★

主料

五香豆干	5块
小鱼干	120克
红椒	1个

调料

葱末、蒜末、姜末	共15克
盐	1小匙
酱油	1/2小匙
白糖、醋、料酒	各1小匙
植物油	30克
鲜汤	适量

做法

① 五香豆干切片。小鱼干泡软，洗净，控干。

② 小鱼干加葱末、姜末、料酒、鲜汤腌制入味。

③ 锅中加入清水烧沸，放入五香豆干片氽烫，捞出沥水。

④ 炒锅置旺火上烧热，倒入植物油，放入蒜末、葱末、姜末
爆香，加入豆干略炒，盛起备用。

⑤ 锅内留少许油，放入控干水的小鱼干，调入料酒炒匀，再
加入豆干、盐、酱油、白糖、醋炒匀即可。

干煸鱿鱼

制作时间
15分钟

难易度
★

主料

鲜鱿鱼	1条
蒜苗、青红椒	各100克

调料

火锅底料、姜蒜片、干辣椒、花椒、生抽、白糖、料酒、胡椒粉、香油、植物油各适量

做法

① 鱿鱼处理好，洗净。

② 将鱿鱼改刀成条。蒜苗择洗净，切段。青红椒洗净，切条。

③ 锅上火烧热，用油滑一下锅，下鱿鱼小火煸干水分。

④ 洗锅上火，加少许油烧至温热，下姜蒜片、火锅料、干辣椒节、花椒、青红椒炒香。

⑤ 放入煸干的鱿鱼，调入生抽、白糖、料酒、胡椒粉翻炒，最后下蒜苗炒至断生，淋香油即可起锅。

贴心提示

· 煸鱿鱼时要用锅铲时不时压一下，让鱿鱼尽量排出水分。

西蓝花炒鲜鱿

制作时间 15分钟

难易度 ★

主料

西蓝花、鱿鱼	各200克
红椒、香菇	各50克

调料

色拉油、花生油	各10克
盐	5克
鸡精、醋	各8克
葱末、姜末	各少许

做法

① 将西蓝花、红椒、香菇洗净，放入沸水锅中焯水，捞出。

② 鱿鱼处理干净，改刀成片，剞花刀。将鱿鱼片放入沸水锅中汆烫至卷起、断生，捞出。

③ 烫好的鱿鱼卷放入热油锅中过油稍炸，捞出。

④ 炒锅放油烧热，下西蓝花、红椒、鱿鱼、葱、姜、香菇及其余调料，翻炒3分钟即可。

酱爆鱿鱼

制作时间 15分钟　　难易度 ★★

主料

鱿鱼	1条
青椒	半个
洋葱	半个

调料

红朝天椒	3根
姜蒜末	15克
郫县豆瓣	1勺
料酒	1/2勺
鸡精	1/4小勺
水淀粉	2勺
花生油	2勺

做法

① 将鱿鱼打花刀，切成大小合适的块。青椒和洋葱切丝，姜蒜切片，朝天椒切圈儿，备用。

② 锅中放水，烧至八成热，将鱿鱼氽烫3~5秒钟至打卷，即刻捞出。

③ 放入冷水中过凉，备用。

④ 锅入油烧热，将姜蒜末和朝天椒爆香。

⑤ 放入郫县豆瓣小火炒香。

⑥ 放入鱿鱼，旺火翻炒5~8秒钟，烹入料酒。

⑦ 放入洋葱和青椒翻炒至回软，倒入水淀粉，加入鸡精调味，炒匀后汤汁收干，盛出即可。

 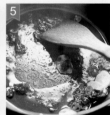 

贴心提示

· 鱿鱼处理干净，将鱿鱼须切段，鱿鱼身撕去膜，翻面，刀身倾斜45度，切出6~8毫米间隔的花刀（记得不要切断）。将鱿鱼转方向，继续切条，和原来切好的条呈90度角。

· 鱿鱼还要回锅，所以氽烫的时间要短。

· 郫县豆瓣较咸，本菜无需再加盐。

宫保鱿鱼卷

制作时间 15分钟　难易度 ★★

主料

鲜鱿鱼	300克
花生仁	80克

调料

白糖、酱油	各15克
料酒	8克
醋、葱丁、鲜汤	各20克
盐	3克
干辣椒	25克
湿淀粉	30克
蒜片、姜片	各10克
花椒	5克
精炼油	75克

做法

① 鲜鱿鱼撕去外膜，洗净，剞花刀，再切成块。

② 花生仁炸酥后去皮，干辣椒切成2.5厘米长的节。

③ 将盐、白糖、醋、酱油、料酒、鲜汤、湿淀粉调成芡汁。

④ 锅内入水烧至沸，入鱿鱼块汆水至卷起，捞出。

⑤ 锅入油烧热，炒香干辣椒、花椒，放入鱿鱼卷翻炒。

⑥ 加姜蒜片、葱丁炒香，烹入芡汁，收汁后加花生仁推匀，起锅装盘即成。

葱爆八带

制作时间 8分钟　难易度 ★

主料

八带	500克
大葱	10克

调料

色拉油、盐、味精、生姜各适量

做法

① 将八带清洗干净，切成段。

② 大葱择洗干净，切成段。生姜切片。

③ 炒锅上火，倒入水烧开，下入八带汆熟，捞起沥水。

④ 净锅上火，入色拉油烧热，下姜片、葱段爆香，放入八带，调入盐、味精炒匀即可。

墨鱼年糕炒白菜

主料

鲜墨鱼	250克
花样小年糕	100克
娃娃菜	2个

调料

姜末	少许
盐	1勺
柠檬、花生油	各适量

制作时间 20分钟

难易度 ★★

做法

① 墨鱼仔中放入柠檬，入沸水中氽一下，捞出控水。娃娃菜过油至断生。年糕放入沸水中，加一小勺盐煮10分钟，避免年糕粘连。

② 炒锅烧热，加入适量油，放入姜末爆香。

③ 墨鱼仔和年糕一起放入锅中翻炒。

④ 放入娃娃菜，翻炒均匀后加盐调味即可。

泡椒墨鱼仔

制作时间
15分钟

难易度
★★

主料

墨鱼仔	400克
泡辣椒	85克

调料

姜片、大蒜、葱段、盐、料酒、白糖、鲜汤、湿淀粉、色拉油各适量

做法

① 将冷冻墨鱼仔自然解冻，用清水漂洗干净，除尽内脏。泡辣椒切成段。

② 墨鱼仔汆水，待其变硬后捞出，沥干。

③ 锅内加油烧至五成热，先放入大蒜炸香，再放入姜片、泡椒段、葱段炒香。

④ 锅内烹入料酒，加入鲜汤，放入墨鱼仔，用中火烧制，加入盐、糖调味，烧制5分钟，待锅内汤汁不多时用湿淀粉勾芡，收汁即成。

韭菜炒海肠

制作时间 15分钟

难易度 ★★

主料

海肠	400克
韭菜	200克

碗料

味极鲜	2小匙
香油	5克
水淀粉	1小匙
鸡精	1/4小匙

调料

姜片	3片
料酒	1小匙
盐	2克
醋	3~5滴
花生油	2小匙

贴心提示

· 海肠的汆水和炒制时间一定要短，动作要快。

· 提前准备碗汁，可以避免食材炒老。碗汁的量根据食材的多少来调节。

· 韭菜也要轻炒，太嫩容易软塌。不必放任何料头，保证韭菜的香味纯正。

· 出锅前几滴香醋以提鲜，不要加多了。

做法

① 海肠剪掉两头，去除内脏，用刀沿着外皮刮一遍，进一步去除血污，用水洗净，斜切成4~5厘米长的段。

② 锅中放水，加入姜片，烧水至八成热，加入料酒，放入海肠，煮3~5秒钟至海肠鼓起来，立刻捞出。

③ 韭菜切掉根部带泥的部分，洗净，切成3厘米长的段，备用。

④ 调好碗汁，搅拌均匀，备用。

⑤ 锅中放油，倒入韭菜炒香，加少许盐。

⑥ 放入海肠翻炒几下，倒入碗汁，将汤汁收干。

⑦ 滴上香醋。

⑧ 盛出装盘即可。

小炒鲍鱼片

制作时间 20分钟　难易度 ★★

主料

鲍鱼	10只
青椒	1个
胡萝卜	半个

调料

葱姜片	10克
生抽、料酒	各1小匙
鸡精	1/4小匙
香油	3克
水淀粉	2小匙
盐、花生油	各适量

做法

① 用小刷子将活鲍鱼黑边刷洗干净。

② 用勺子沿鲍鱼壳将肉剜下来，去除内脏和杂物，清洗干净。

③ 将鲍鱼放到约45℃的水温中，浸10分钟。

④ 取出，片成0.6厘米厚的薄片。

⑤ 青椒去籽和蒂，切菱形片。胡萝卜切菱形片，葱姜片切好。

⑥ 锅烧热，倒入1小匙油，放入葱姜片煸炒出香味。

⑦ 倒入胡萝卜和青椒片翻炒1~2分钟，加入生抽和料酒，翻炒均匀。

⑧ 倒入鲍鱼片，快速翻炒。

⑨ 加入水淀粉，收浓汤汁，关火。

⑩ 入盐、鸡精和香油调味。

⑪ 盛出即可。

贴心提示

· 将鲍鱼浸熟相当于汆水，这样处理好的鲍鱼口感非常脆嫩。

· 鲍鱼炒制时间不要过长，以免影响口感。

香辣钉螺

主料

钉螺	350克
干红辣椒	4个

调料

葱姜蒜片	约20克
花椒	10粒
青红小尖椒	各2个
辣椒酱	1小匙
盐	1/4小匙
水	50毫升
鸡精	1/4小匙
花生油	2小匙

做法

① 钉螺洗净，剪掉尾部。

② 准备好料头，小葱切段，姜蒜切片，干红辣椒切粗丝，青红小尖椒切椒圈。

③ 锅烧热，放入油，加入干红辣椒和花椒粒爆香，放入葱姜蒜。

④ 加入钉螺翻炒1分钟。

⑤ 放入辣椒酱、鸡精和盐翻炒均匀。

⑥ 加入50毫升水，放入青、红椒圈，盖上锅盖，中小火焖煮2~3分钟，至水基本收干、钉螺成熟。

⑦ 盛出装盘即可。

贴心提示

· 钉螺可以让卖家剪掉尾部，这样炒制更入味，而且方便食用。

· 放的辣椒酱根据自己的口味来定，香辣酱或蒜蓉辣酱或郫县豆瓣酱都可以。

· 钉螺焖煮的步骤不可少，煮熟的钉螺食用起来才放心。

扫码看视频

辣炒蛤蜊

主料

蛤蜊	500克

调料

干红椒丝	5克
葱姜	15克
小香葱	5克
盐	1/4小匙
生抽	1小匙
水	2小匙
花生油	2小匙

贴心提示

· 蛤蜊不可翻炒过频，要让蛤蜊有足够的时间从锅底吸收热量。

· 蛤蜊肥的季节，出水较少，为防止干锅，需加少许水。

做法

① 准备好蛤蜊等材料。

② 将蛤蜊放盐水中养半天，让其吐净泥沙，洗净。

③ 将葱姜切好，备用。

④ 将红椒丝入热油锅中，煸香。

⑤ 放入葱姜，翻炒均匀至香味飘出。

⑥ 倒入蛤蜊，继续翻炒几下。

⑦ 加入盐和生抽，视情况加入水，盖上锅盖，焖约3分钟。

⑧ 中间翻炒2次，待蛤蜊开口后撒上小香葱即可出锅。

麻辣鲜虾

制作时间 30分钟　难易度 ★★★

主料

鲜虾	500克

料油调味料

花椒	30克
花生油	500克
大料、草果、桂皮、肉蔻各适量	
黑胡椒碎、葱姜蒜块、小茴香各20克	

炝锅小料

姜蒜末	少许
干红辣椒	适量
郫县豆瓣酱	2茶匙
白糖	1茶匙

贴心提示

· 使用虾油熬出的料油味道馨香，晾凉后放在玻璃罐中保存，使用时口味很棒！

· 使用料油复炸第二遍时油温不要过高，中火炸制5~6分钟即可，太久会使虾肉变老。

· 肉蔻和草果在市场上就可买到，用量只需1~2个。使用时将其轻轻拍破即可。

做法

① 郫县豆瓣酱剁碎。鲜虾剪去头枪，去除头部沙袋，再从背部第二个关节挑出虾线，备用。

② 炒锅烧热，加入花生油，油温七成热时放入鲜虾炸至橘红色捞出。锅中虾油需滤清。炒锅洗净，将油重新倒入锅中。

③ 将炸制料油所需的调味料备好。

④ 葱姜蒜放入锅中，小火炸出香味，放入料油调味料一起熬制。

⑤ 待蒜子炸成金黄色后捞出，备用。料油大约熬制15分钟，关火，油温下降后再滤清所有调料，将料油留用。

⑥ 滤清的料油重新放入锅中，加入鲜虾，用料油二次炸香。

⑦ 锅中加料油，用姜蒜末炝锅，加干红辣椒、豆瓣酱、白糖炒香。

⑧ 放炸好的虾及蒜子，迅速翻炒，出锅前淋入一勺料油即可。

芙蓉虾球

制作时间
15分钟

难易度
★★

用料

鲜虾仁	100克
蛋清	3个
牛奶	50毫升

调料

盐	3克
胡椒粉	0.3克
水淀粉	1小匙
玉米淀粉	5克
火腿末	20克
花生油	2小匙

贴心提示

· 虾仁不要买现成的，因为多数不新鲜。最好要买活虾，现剥现用。鲜虾买回后放入冰箱急冻半小时，鲜虾硬挺后更容易剥壳。

· 虾仁滑熟后尽快盛出，以保证鲜嫩的口感。

· 蛋白液炒的时候不必再加油了，因为滑炒虾仁留的底油足够了。快凝固时要及时关火，以免炒老了影响口感。

做法

① 鲜虾去头、壳，剥出虾仁。在背部打虾球花刀，去除虾线，加入盐（1克）、胡椒粉和水淀粉抓匀，腌渍入味。

② 蛋清中倒入牛奶，加入玉米淀粉搅拌均匀，成牛奶蛋白液，放入盐（2克）调味。

③ 锅中倒油烧热，放入腌好的虾球滑熟至打卷、变色，盛出。

④ 锅中倒入牛奶蛋白液，用中小火慢慢推炒。

⑤ 待稍微凝固时倒入虾球。

⑥ 翻炒数下，蛋白将虾球裹匀，撒上切好的火腿末，立即关火，炒拌均匀。

⑦ 即刻出锅装盘。

虾球什锦炒饭

制作时间
25分钟

难易度
★★★

主料

鲜虾	10只
米饭	1碗
小洋葱	1个
黄瓜	1/2根
彩椒	1/4个
胡萝卜	1/5根
火腿	1块
口蘑	1朵

调料

盐	2克
胡椒粉	0.3克
淀粉	3克
鲜味酱油、植物油	各1匙

做法

① 鲜虾去头、壳，在背部剖开一刀（别切断），去掉虾线，加入盐、胡椒粉和淀粉抓匀，腌渍15分钟至入味。

② 将所有的蔬菜处理成小粒。

③ 准备好剩米饭1碗。

④ 锅置火上烧热，放入油，下入腌好的虾仁滑炒至变色、打卷，盛出。

⑤ 放入小洋葱丁炒香，下胡萝卜翻炒。

⑥ 放入其他的蔬菜粒，加盐和鲜味酱油，翻炒至入味。

⑦ 加入米饭炒匀，放入滑熟的虾仁，翻炒均匀。

⑧ 将虾仁挑出来，码在小碗的底部。

⑨ 放上炒好的米饭，压实。

⑩ 将米饭扣入盘中即可。

贴心提示

· 虾仁提前腌渍可以很好地入味。滑熟后盛出，可以保证虾仁的爽嫩。

· 蔬菜粒下锅顺序：先爆香小洋葱，然后煸炒胡萝卜，最后蔬菜粒一同下锅，一定要炒透才好吃。"什锦"说明食材多样，可以随意搭配喜欢的蔬菜。

苦瓜凤尾虾

制作时间
15 分钟

难易度
★

主料

苦瓜	1个
凤尾虾	250克

调料

盐	适量
色拉油	50克

做法

① 苦瓜从中间切开。

② 用筷子将苦瓜中间的籽剔除。

③ 将苦瓜切成苦瓜圈。

④ 苦瓜圈放入冰水中浸泡5分钟左右。

⑤ 锅热后加入色拉油，放入凤尾虾煸炒。

⑥ 凤尾虾炒至变色后铲出，锅内虾油留用。

⑦ 苦瓜圈放入虾油内煸炒2分钟至微微变色。

⑧ 将炒好的凤尾虾和苦瓜圈入锅同炒，加入适量盐调味即成。

香辣小龙虾

制作时间
18分钟

难易度
★★

主料

小龙虾	400克

调料

葱姜蒜片	25克
花椒	1小匙
八角	1个
辣椒酱、料酒	各1小匙
盐、鸡精	各1/4小匙
糖	2克
水	30毫升
花生油	2小匙

做法

① 小龙虾洗净沥水。锅烧热，倒入油，将小龙虾炒约3分钟至变色，盛出。

② 锅烧热放油，下花椒和八角煸出香味，放入辣椒酱炒香。

③ 加入葱姜蒜片翻炒。

④ 倒入小龙虾翻炒，烹入料酒，放盐、糖、鸡精调味，加入水，将小龙虾烧至入味。

⑤ 将汤汁收浓，关火即可。

秋葵炒虾仁

制作时间 15 分钟

难易度 ★★

主料

虾仁	250克
秋葵	200克

调料

葱姜片	15克
料酒	1小匙
盐	1/2小匙
鸡精	1/4小匙
胡椒粉	1/4小匙
水淀粉	2小匙
香油	1/2小匙
花生油	2小匙

贴心提示

· 虾仁要回锅，氽水的时间不宜太长。八成热的水温下锅，可保证虾仁的口感。

· 秋葵焯水的时间也不要过长，捞出后投入凉水，可使口感更脆爽。

· 虾仁和秋葵的炒制时间也不要过长，调味勾芡后即关火。

做法

① 鲜虾洗净沥水，去头壳、虾线，留尾，备用。

② 锅中放水，烧到八成开时加入料酒和葱姜片。将虾仁氽3~5秒钟至变色、打卷，即刻捞出沥水。

③ 将秋葵焯水3~5秒钟，捞出，投入凉水过凉。

④ 秋葵取出，沥干水分，切成小段，备用。

⑤ 锅烧热，倒入油，煸香葱姜片。

⑥ 放入秋葵翻炒均匀。

⑦ 倒入虾仁翻炒，放入盐、胡椒粉、鸡精调味，加水淀粉翻炒均匀。

⑧ 关火，淋入香油，拌匀后盛出即可。

滑蛋虾仁

制作时间
25 分钟

难易度
★

扫码看视频

主料

虾仁	200克
鸡蛋	3个

调料

小香葱8克，牛奶20毫升，盐1/2小匙，胡椒粉、鸡精各1/4小匙，料酒1小匙，淀粉1小匙，香油1/2小匙，花生油4小匙

做法

① 鲜虾去壳、头、尾和虾线，加盐、胡椒粉、料酒和淀粉抓匀，腌制15分钟。

② 鸡蛋磕入碗中打匀，倒入牛奶、盐、鸡精、香油、小香葱，搅拌均匀。

③ 锅置火上烧热，倒入花生油，将虾仁滑炒5~8秒钟至变色。

④ 将虾仁盛出。

⑤ 锅中留底油烧热，倒入蛋液，放入虾仁。

⑥ 转小火，用铲子推炒至蛋液基本凝固，关火。

⑦ 盛出装盘即可。

银芽炒白虾

制作时间
10分钟

难易度
★

主料

白虾	200克
银芽	100克
韭菜	30克

调料

葱姜片10克，料酒1小匙，盐1/3小匙，鸡精1/4小匙，胡椒粉1克，香油1/2小匙，花生油2小匙

做法

① 白虾清洗干净，沥干水分，备用。

② 锅置火上烧热，入食用油烧热，煸香葱姜片，入白虾翻炒2~3分钟至变色，烹入料酒。

③ 放入银芽炒1分钟变软，加入盐、胡椒粉。

④ 放入韭菜段炒十几秒钟至韭菜出香味，关火，加入鸡精和香油翻拌均匀。

⑤ 盛出装盘即可。

贴心提示

· 韭菜有提鲜的作用，不可缺少。

· 银芽和韭菜加热的时间都不要过长，否则影响口感。

香辣干锅皮皮虾

制作时间
15 分钟

难易度
★★

主料

皮皮虾	500克
藕片	1节
香芹	1根
鲜香菇	4朵

调料

蒜子	8个
小干洋葱	5个
香油	少许
郫县豆瓣酱	2茶匙
干红辣椒	适量
色拉油	2茶匙

做法

① 将藕切成厚片。香芹切寸段。炒锅置火上烧热，加入色拉油烧热，将皮皮虾放入锅中过油，捞出控油，晾凉。

② 炒锅烧热后用蒜子炝锅，放入藕片翻炒至成熟，铲出备用。

③ 炒锅重新烧热，加入蒜子、小干洋葱，小火煸香。

④ 郫县豆瓣酱及干红辣椒放入锅中，煸出红油。

⑤ 将皮皮虾、香菇放入红油料中翻炒均匀，加入芹菜段。

⑥ 炒好的藕片放入锅中，翻炒均匀后加入少许香油即可。

TIPS:

选择皮皮虾时，一定要注意新鲜度。鲜活的皮皮虾壳呈碧绿色且有光泽，用手按之坚实有弹性；将死或已死的皮皮虾色泽灰黄，无光泽。皮皮虾一般以鲜活者为上品，而死虾则以身体挺括结实、无异味者为好。

贴心提示

· 郫县豆瓣酱本身比较咸，本菜调味时要少放盐。

· 挑选藕节的时候最好选择中间段，这样切起来外形比较完整。

· 如果您的口味较重，可以加些四川火锅底料，味道会更足！配菜可以根据自己的喜好进行调整搭配。

螃蟹炒年糕

制作时间
20分钟

难易度
★★

主料

螃蟹	4只
年糕	200克

调料

葱姜蒜片	20克
淀粉	20克
料酒	1小匙
生抽	1小匙
水	40毫升
鸡精	1/4小匙
盐	1/2小匙
花生油	2小匙

TIPS:

　　蒸螃蟹吃腻了，换换口味，炒着吃，因地制宜复制名菜。海捕的石夹红正是肥美，就用它了！

贴心提示

· 年糕焯水后更容易成熟。焯好后浸入凉水，可防止年糕粘连在一起。

做法

① 锅中倒入水烧开，下入年糕焯约5分钟至年糕变软。

② 捞出，放入凉水中。

③ 螃蟹洗净，去掉脐部，用刀将螃蟹斩为两半，切口处蘸干淀粉，备用。

④ 锅烧热，放入花生油，螃蟹切口朝下放入锅中。将螃蟹切口处煎2~3分钟至定形，翻炒至变色。

⑤ 放入葱姜蒜片。

⑥ 年糕从凉水中捞出沥水，放入锅中，烹入料酒、生抽。

⑦ 加入水，放入盐和鸡精调味，盖上锅盖，小火煨至汤汁收干，直至年糕充分吸收了汤汁的滋味。

⑧ 起锅装盘即可。

酱爆小海蟹

制作时间
20 分钟

难易度
★★

主料

赤甲红海蟹	10只
干面粉	适量

调料

洋葱	半个
青椒	2个
香葱	3根
姜蒜末	10克
豆瓣酱、蚝油、色拉油各2茶匙	

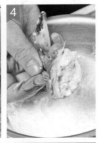

做法

① 海蟹洗净，控干水分。

② 将海蟹后脐盖掀开，把里面处理干净。

③ 用刀中后端将海蟹对切开。

④ 切开后的海蟹切面部分蘸上少量面粉。

⑤ 炒锅烧热，放入色拉油，待油温升至八成热时放入海蟹炸制。

⑥ 海蟹炸至橘红色时捞出晾凉。

⑦ 炒锅内重新放少量色拉油，油热后用葱姜蒜末爆香，放入豆瓣酱、蚝油炒香，加入适量清水。

⑧ 将海蟹放入汁料内炒匀，加入青椒、洋葱翻炒均匀即可。